餐饮行业职业技能培训教程

图解
翻糖蛋糕
制 作 技 艺

主 编 王 波

副主编 诸高云

中国轻工业出版社

图书在版编目（CIP）数据

图解翻糖蛋糕制作技艺 / 王波主编. —北京：中国
轻工业出版社，2024.7
餐饮行业职业技能培训教程
ISBN 978-7-5184-1876-3

Ⅰ.①图… Ⅱ.①王… Ⅲ.①蛋糕—糕点加工—技
术培训—教材 Ⅳ.①TS213.2

中国版本图书馆CIP数据核字（2018）第036929号

责任编辑：史祖福　方　晓　　责任终审：劳国强　　设计制作：锋尚设计
策划编辑：史祖福　　　　　　责任校对：吴大朋　　责任监印：张　可

出版发行：中国轻工业出版社（北京鲁谷东街5号，邮编：100040）
印　　刷：艺堂印刷（天津）有限公司
经　　销：各地新华书店
版　　次：2024年7月第1版第4次印刷
开　　本：889×1194　1/16　印张：10.5
字　　数：235千字
书　　号：ISBN 978-7-5184-1876-3　定价：58.00元
邮购电话：010-85119873
发行电话：010-85119832　010-85119912
网　　址：http://www.chlip.com.cn
Email：club@chlip.com.cn

本书编委会

———— * ————

顾　　问：周相华　黎国雄

主　　编：王　波

副 主 编：诸高云

美术指导：王松强　田　超

编　　委：陆　霖　吕　顺　崔晶晶　朱博宇

　　　　　龚德刚　罗文波　何海江　李文明

　　　　　王　胜　王大鹏　何为东　程　超

　　　　　吴佳晨

前言

　　翻糖是一种由多种材料制成，用于制作翻糖蛋糕的主要装饰材料。它源于英国，也是美国人极喜爱的蛋糕装饰材料，有极佳的延展性和可塑性，是新型的蛋糕材料。人们利用翻糖材料制作出各种花卉、动物、人偶等，将这些精美的手工装饰放在蛋糕上，赋予了蛋糕特殊的意义和生命。

　　目前，翻糖蛋糕是国外非常流行的一种蛋糕，而国内并不常见。因此翻糖蛋糕深深吸引了我，在国外学习的过程中，我发现了两个问题：一是过于注重细节而忽略了整体口感；二是蛋糕风格单一，忽略了中方之美。带着这两个问题，我回国后就与研发团队进行了深入的交流和实践，不仅将翻糖蛋糕引入中国市场，而且不断进行蛋糕款式、风格和技艺上的创新。在团队的不断努力下，我们研发出了风格多样而又集美味和精致于一体的翻糖蛋糕。

　　本书中的蛋糕作品是我们团队运用中国的传统捏塑工艺加上国外的新型手法制作出来的，丰富了中国市场上的蛋糕品类。

　　本书通过介绍翻糖蛋糕的基本理论知识和基础制作技法，让大家了解翻糖膏的制作。在实践部分，本书从初级翻糖蛋糕制作入手，逐级深入介绍中级翻糖蛋糕和高级翻糖蛋糕的制作，通过翻糖蛋糕制作技法的介绍，来讲述翻糖蛋糕的制作关键，以便让大家逐渐掌握翻糖技艺。同时，书中为大家提供了许多翻糖蛋糕的作品，让大家在学习翻糖技艺的同时，领略翻糖制作带来的喜悦与甜蜜，并欣赏翻糖蛋糕带来的美的视觉享受。

　　编写本书的目的是为了向广大蛋糕从业人员和蛋糕爱好者提供一个学习的参考。鉴于翻糖制作的复杂性，我们提供了上千张步骤图和20余个制作视频，致力于用尽可能多的蛋糕种类、制作技法来展示翻糖蛋糕的多样性和艺术性，以激发人们对蛋糕艺术的追求。

　　由于编写时间仓促，书中难免会有不足之处，希望各位同仁和读者提出宝贵意见。

主编

目录

翻糖蛋糕基础知识

翻糖蛋糕制作实例

翻糖蛋糕作品欣赏

翻糖蛋糕
基础知识

（一）翻糖蛋糕基础理论

1. 翻糖蛋糕的概念

翻糖是一种由多种材料做成，用于制作翻糖蛋糕的主要装饰材料。它源于英国，也是美国人极喜爱的蛋糕装饰材料，有极佳的延展性和塑造性，是新型的蛋糕材料。

在18世纪，人们开始在蛋糕内加入野果，同时在蛋糕面上抹上一层蛋白霜，以增加蛋糕的风味。20世纪20年代开始，以三层婚礼蛋糕为主，最下层用来招待宾客使用，中间分送宾客带回家，最上层则是保留到孩子的洗礼仪式后再使用。20世纪70年代，澳大利亚人发明了糖皮，英国人引进后加以发扬光大，但在当时，这种蛋糕只是在王室婚礼上才能见到，因此也被视为贵族的象征。后来，英国利用这些材料制作出各种花卉，将精美的手工装饰放在蛋糕上，赋予了蛋糕特殊的意义和生命。

2. 翻糖蛋糕的发展现状

翻糖蛋糕源于英国的艺术蛋糕，各种不同风格、不同款式的蛋糕充分体现了个性与艺术的完美结合，它以其豪华精美、别具一格的造型艺术成为当今国际上最流行的婚礼蛋糕。

3. 翻糖蛋糕的应用

几乎每一场中高档以上质量的婚礼都会有翻糖蛋糕甜品台的出现，并且成为婚礼上的最大亮点。翻糖蛋糕的可创造性极强，非常适合各种主题蛋糕的创作，因此被广泛应用于婚宴、纪念日、生日、庆典等各类活动中。

（二）翻糖蛋糕制作的基础技法

1. 翻糖蛋糕制作的常用工具和原料

（1）海绵垫
海绵垫一般用于擀压花瓣，使得花瓣有逼真的纹理与褶皱，这样做出来的花更美艳。

（2）钳子
它主要用于剪切英式糖花花枝。

（3）圈模
它适用于做玫瑰、月季、康乃馨花的花瓣等，也广泛用于制作翻糖蛋糕上的贴片。

（4）马蹄莲定型模
这个模具有5个用来定型的圆锥形，爱心形用于压出花瓣，压花瓣时要把模具擦干净，不可有毛边。

（5）抹平器

主要用于包制翻糖蛋糕坯的抹平。

（6）捏塑工具

主要用于翻糖人偶开脸、腿部肌肉及衣服纹路的制作。

（7）球刀

这一套球形棒有4根，它们大小型号不同，用于把花瓣边缘擀薄，也用于制作卡通人物的眼睛、嘴巴。

（8）擀面杖

采用优质亚克力精心设计，手工精细打磨，再经过高亮度抛光而成的擀面杖，摔不坏，不变形，用于擀制翻糖面皮。

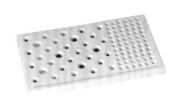

（9）晾花架

主要用于晾干英式糖花。

（10）剪刀

用于修剪花枝，剪小碎花。

（11）玫瑰花纹路模

主要用于压制玫瑰花花瓣纹路，使玫瑰花更逼真。

（12）牡丹花纹路模

主要用于压制牡丹花花瓣纹路，使牡丹花更逼真。

（13）玫瑰花叶子纹路模

主要用于压制玫瑰花叶子纹路，使叶子更逼真。

（14）绣球花纹路模

主要用于压制绣球花花瓣纹路，使绣球花更逼真。

（15）牡丹花切模

主要用于切割牡丹花的花瓣，不同型号切出的大小不同。

（16）花枝绑花胶带

主要用于英式糖花花枝及花束的捆绑。

（17）豌豆花切模

主要用于切割豌豆花的花瓣。

（18）水滴模

主要用于制作奥斯汀玫瑰及小型花卉。

（19）干燥剂

可以使英式糖花快速风干，有利于作品长时间保存。

（20）糖粉

打制翻糖膏的主要材料之一。

（21）明胶粉

主要用于调节翻糖膏的可塑性，使翻糖膏更细腻。

（22）泰勒粉（CMC）

可以加强翻糖膏的韧性，使翻糖膏干得更快。

（23）色粉

主要用于英式糖花及人偶的上色。

（24）色膏

主要用于翻糖膏的面团上色和蛋糕的彩绘。

（25）上色机

主要用于英式糖花和蛋糕面的上色。

2. 翻糖蛋糕制作的基本手法

翻糖的基本制作手法：卷、包、捏、叠、擀、贴、整、压、切、划。

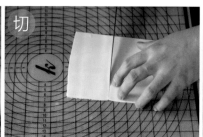

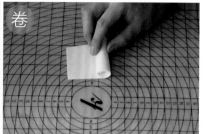

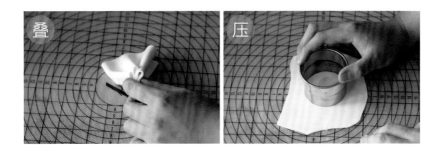

叠　压

3. 翻糖膏的制作技法

原料

　　糖粉900克，泰勒粉（CMC）5克，葡萄糖浆130克，明胶粉9克，白油1克，水70克。

制作步骤

1 用网筛筛出900克糖粉。

2 用秤称出5克泰勒粉（CMC），加入糖粉中。

3 用秤称出9克明胶粉。

4 再称出70克水，倒入明胶粉中。

5 再把水和明胶粉隔水溶化。

6 溶化好之后加入葡萄糖浆。

7 把溶化好的明胶水跟葡萄糖浆一起溶化。

8 把溶化好的（步骤7）加入糖粉内。

9 搅拌均匀。

10 把拌匀的糖粉倒到案板上。

11 用手均匀地揉到一起，加入1克白油。

12 翻糖膏成品。

4. 翻糖蛋糕的上色技法

（1）喷枪喷色

这是常见的上色方法，利用喷枪和色素将颜色喷在翻糖上进行上色。主要用于点、线、面的制作上色。

（2）色粉刷色

利用毛笔、色粉将颜色有过渡、有选择性地刷在蛋糕上。

（3）彩绘上色

可以利用毛笔、色素、颜料在蛋糕面上进行彩绘，使蛋糕面有彩画感。

（4）面团上色

在面团中直接加入色素揉匀，使面团呈现均匀色块。

（一）初级翻糖蛋糕制作

1. 翻糖蛋糕——多肉植物制作

翻糖多肉植物

制作视频

特点：作品以绿色和粉色为主，颜色丰富，造型美观。

原料及工具

翻糖膏，泰勒粉（CMC），食用色素，色膏，捏塑工具等。

制作步骤

1 用调好的蓝紫色翻糖膏，揉成小圆球。

2 再把小圆球揉成水滴形。

3 再把水滴形翻糖膏压扁。

4 用黑色捏塑棒压出两道纹理。

5 调整好多肉片的形状大小。

6 用小号绿色铁丝穿到多肉片的1/3处。

7 用毛笔粘色粉刷到翻糖多肉的顶部，从上向下使其均匀晕染开。

8 用绿色绑花胶带把小号多肉片绑到一起作出多肉的花心。

9 再用中号多肉片组装到一起。

10 再用大号多肉片组装到一起。

 易错点
1 不能正确把握捏塑手法，不能将其与作品的图形跟理论准确结合。
2 在捏作品时，作品有变形，不能及时修正过来。

杯子蛋糕马达加斯加

特点：作品以白色、黑色为主，形态可爱，憨态可掬。

制作视频

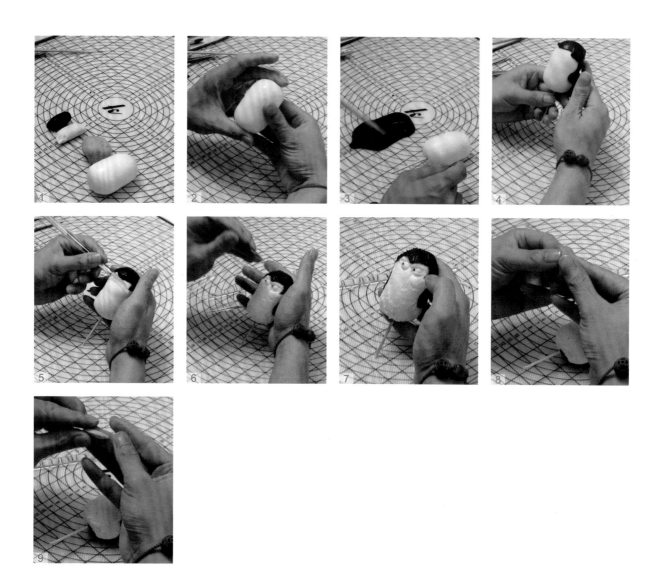

原料及工具

翻糖膏，杯子蛋糕，泰勒粉（CMC），食用色素，捏塑工具等。

制作步骤

1 把翻糖调好相应的颜色备用。

2 用白色翻糖膏揉出椭圆形，如同药丸一样。

3 用黑色的翻糖膏包住白色翻糖膏的背面。

4 用手把黑色的翻糖膏贴在白色的翻糖膏上面，做出企鹅的发髻。

5 用捏塑刀在企鹅1/5处压出企鹅眼睛的位置。

6 用捏塑刀划出企鹅的毛发，用白色的翻糖膏贴

上企鹅的眼睛，再用黑色的翻糖膏贴在白色的眼球上作为眼珠，用高光点在黑色眼珠上。

7 再用天蓝色的翻糖膏揉一个白色的球并压扁，对半切一刀，贴在企鹅眼睛下方作为眼袋。

8 取一块黄色的翻糖膏，揉成一个水滴形，两个大拇指对压，做出企鹅的嘴巴。

9 把压好的企鹅的嘴巴底部用手压平整。

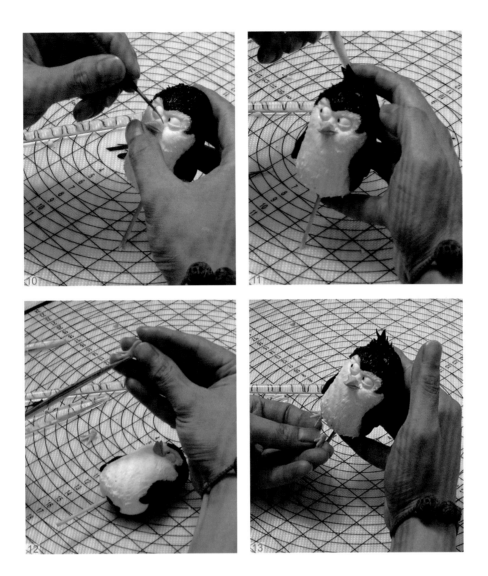

10 上小下大，把做好的嘴巴贴在企鹅嘴部，粘接好。

11 用黑色的翻糖膏揉两个黑色的水滴长条，贴在企鹅两侧。再用黑色的翻糖膏揉成水滴形压扁，用剪刀剪出头发，贴在企鹅头部。

12 揉一个水滴形，宽头压扁，用剪刀剪两个，做出企鹅的脚，再用捏塑刀压出企鹅脚的纹路。

13 把多余的部分剪掉，把企鹅脚贴上，把做好的企鹅装在杯子蛋糕上。

 易错点　　1 不能正确把握捏塑手法，不能将其与作品的图形跟理论准确结合。

　　　　　　2 在捏作品时，作品有变形，不能及时修正过来。

（二）中级翻糖蛋糕制作

1. 翻糖蛋糕——英式糖花制作

大丽花

制作视频

特点：作品颜色丰富，以白色、粉紫色为主，造型美观。

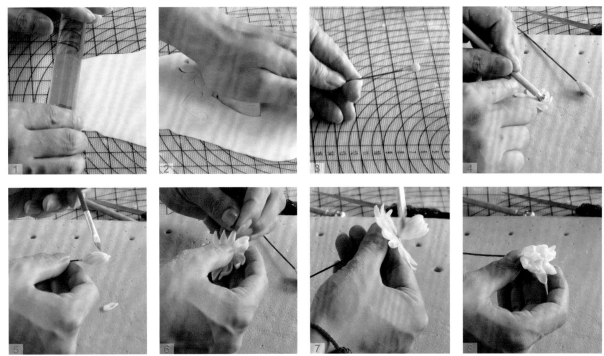

原料及工具

花卉干佩斯，翻糖膏，泰勒粉（CMC），食用色素，色粉，绑花胶带工具等。

制作步骤

1 先取一块白色的翻糖膏揉软，擀薄。

2 用大丽花模具压出花瓣，花形4片，小叶子形2片，大叶子形2片。

3 用绿色的翻糖膏揉出一个圆球，穿入铁丝中。

4 待花心干后再用一块绿色的翻糖膏做出一个尖头，拼接在圆形花心上，把花型模具压出的皮擀薄，中间有弧度。

5 把擀好的花瓣放在中间，用铁丝从中心点穿入包住，整理花瓣。

6 同样擀出花瓣，这次擀出的花瓣尖头需要捏一下，包住上一层。

7 同样的步骤包住第三层。

8 整理花瓣，使花瓣外一层比里一层开点。

9 第四层的花瓣擀薄后在根部向内翻，每瓣花都一样。

10 同样地把花瓣放在中间，铁丝穿过包住。

11 把小叶子擀薄，用捏塑刀把花瓣向里卷。

12 把花瓣围绕着前面做好的步骤9拼装。

13 再把大叶子用同样的方法进行拼装，大丽花完成，调整花瓣之间的间距，晾干即可。

 易错点　　1　不能正确把握捏塑手法，不能将其与作品的图形跟理论准确结合。
　　　　　　2　在捏作品时，作品有变形，不能及时修正过来。

篮盆花

特点：作品颜色丰富，以白色、绿色、蓝色为主，造型美观。

制作视频

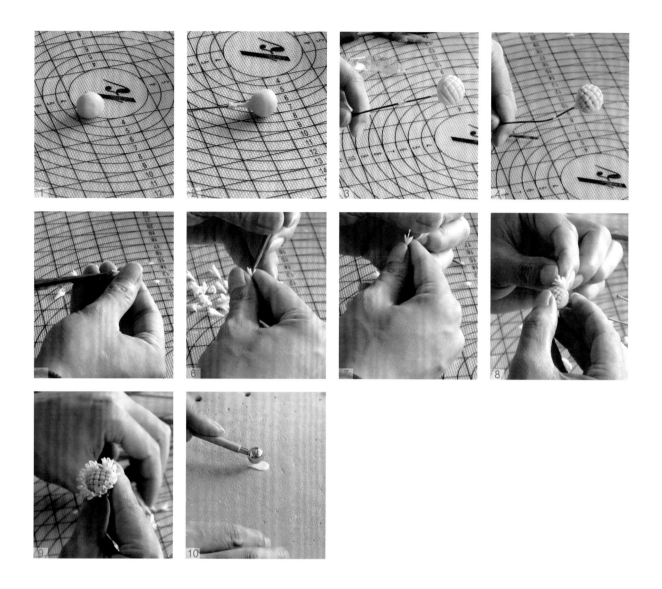

原料及工具

花卉干佩斯，翻糖膏，泰勒粉（CMC），食用色素，色粉，绑花胶带工具等。

制作步骤

1 先用绿色的翻糖膏揉一个圆球。

2 把铁丝插入揉好的圆球1/3的位置。

3 用捏塑刀压出田字纹路。

4 纹路的每个接口处用针型棒压下，使其拥有凹凸感。

5 取小块白色翻糖膏揉成水滴形，用剪刀剪出5瓣花瓣。

6 用针型棒把剪好的花瓣压薄。

7 再用白色的翻糖膏穿过做好的5瓣花中心来作为花心，晾干备用。

8 把做好的很多5瓣花依次拼在做好的花心边上。

9 做好的花心要求一样整齐，不可参差不齐。

10 用水滴模具压出花瓣，用球刀压薄。

11 用小号的球刀压出花瓣的弧形。

12 再用小号球刀擀出小波纹。

13 把做好的花瓣晾干，粘接在花心上。

14 将大小号不一样的花瓣依次从小到大，包在花心外面。

易错点　1　不能正确把握捏塑手法，不能将其与作品的图形跟理论准确结合。
　　　　　　2　在捏作品时，作品有变形，不能及时修正过来。

栀子花

特点：作品以白色、绿色为主，花形优美，洁白雅致。

制作视频

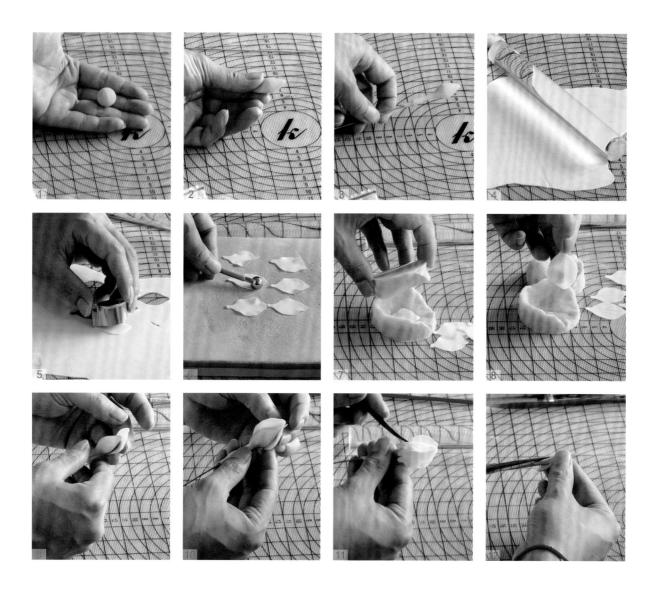

原料及工具

花卉干佩斯，翻糖膏，泰勒粉（CMC），食用色素，色粉，绑花胶带工具等。

制作步骤

1 用一块绿色的翻糖揉成圆形。

2 再将其揉成水滴形。

3 将铁丝穿入花心1/2的位置，晾干备用。

4 将白色翻糖揉软，擀成薄片。

5 用栀子花的切模压出花瓣。

6 把做好的花瓣用球刀压薄。

7 用纹路模压出花瓣的纹路。

8 要求压制的翻糖花瓣前后都有纹路。

9 拿一片花瓣，把花心放在中间。

10 刷胶水包住一半的花瓣，以第一个花瓣为中心，同样包住第二瓣花瓣。

11 旋转包5瓣花瓣后，用捏塑刀调整花瓣之间的间隙。

12 取一块绿色的翻糖揉成长水滴形，用剪刀剪出7瓣花瓣。

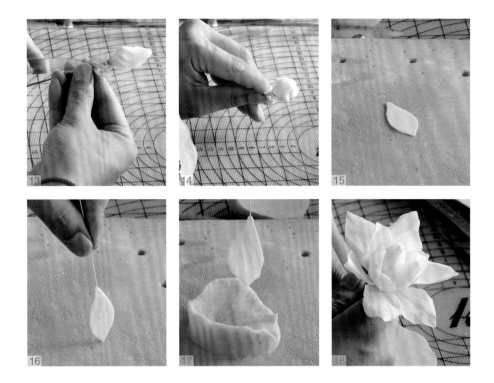

13 把剪好的花瓣压薄，再捏下花瓣，粘接尖尖的树叶，再包上做好的花心，叶子头正好与花心根部一样高即可。

14 把做好的叶子旋转下，整理形态。

15 取出压好的花瓣放在海绵垫上。

16 用球刀压薄，把铁丝穿入花瓣1/2的位置。

17 用纹路模压出纹理。

18 花瓣晾干后就可以用绿胶带绑住花瓣，5瓣为一层，包两层。

易错点　1　不能正确把握捏塑手法，不能将其与作品的图形跟理论准确结合。
　　　　2　在捏作品时，作品有变形，不能及时修正过来。

毛茛花

特点：作品颜色丰富，以白色、绿色、粉色为主，造型美观。

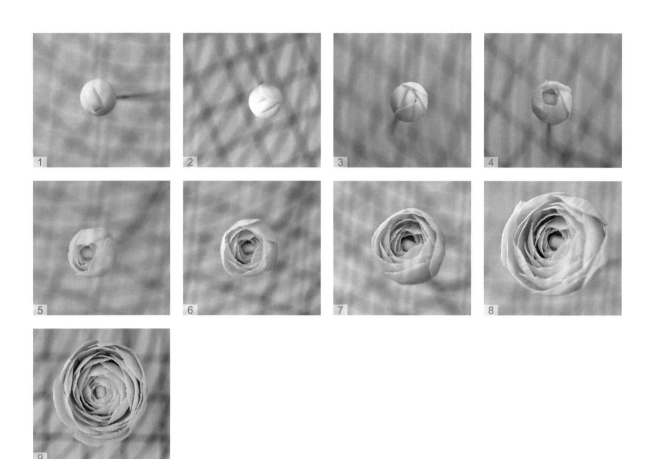

原料及工具

花卉干佩斯，翻糖膏，泰勒粉（CMC），食用色素，色粉，绑花胶带工具等。

制作步骤

1 用绿色翻糖膏做花心，揉一个圆球，用捏塑刀压出一条痕迹。

2 做花心的时候一定要包紧。

3 把花瓣往花心上包，花瓣高度不可以高于花心的位置。

4 第二瓣花瓣在第一瓣花瓣1/2的位置，旋转包5~6片。

5 第二层在第一瓣花瓣3/4的位置，旋转包7片。

6 第三层用大一号的花瓣包8片。

7 再用大一号的花瓣包，包的时候适当把花瓣打开。

8 调整已经做好的花，用捏塑刀调整每个花瓣之间的间隙。包两层，花瓣之间不可重叠。

9 晾干的花用色粉进行刷色。

 易错点
1 不能正确把握捏塑手法，不能将其与作品的图形跟理论准确结合。
2 在捏作品时，作品有变形，不能及时修正过来。

玫瑰花

特点：作品以白色、红色为主，形态优美。

制作视频

原料及工具

花卉干佩斯，翻糖膏，泰勒粉（CMC），食用色素，色粉，绑花胶带工具等。

制作步骤

1. 先取一块白色翻糖膏揉成水滴形，用粘有翻糖胶水的铁丝穿入水滴底部1/3处。

2. 先将花卉翻糖擀薄，用圈模压出3个型号的花瓣，每个花瓣10片。

3. 取最小号花瓣表面用捏塑棒擀薄。

4. 用纹路模具压出纹路来。

5. 用3片花瓣旋转包出花心。

6. 包3片，包到第二层后，第三层一侧向外翻。

7. 再包4片，用手在花瓣中间捏一下，使花瓣两侧向外翻。

8. 用最大的花瓣包两层之后，整理花瓣形态，进行微调。

9. 给玫瑰花进行刷色。

 易错点　1　不能正确把握捏塑手法，不能将其与作品的图形跟理论准确结合。

2　在捏作品时，作品有变形，不能及时修正过来。

牡丹花

特点：作品颜色丰富，以白色、绿色、红色为主，花形富贵，状态饱满。

制作视频

原料及工具

花卉干佩斯，翻糖膏，泰勒粉（CMC），食用色素，色粉，绑花胶带工具等。

制作步骤

1 把做好的4个绿色花蕊组装到一起，缠紧。

2 再用黄色花蕊缠到绿色花蕊上面，缠紧。

3 用小号花瓣组装牡丹花的第一层，花瓣为3瓣。

4 把中号花瓣放到第一层花瓣的接缝处，缠紧。

5 调整花瓣的空间感，花蕊要压紧。

6 用大号花瓣包裹住前面两层花瓣，组装顺序为旋转包法。

7 用大号花瓣把整朵牡丹花慢慢包住。

 易错点

1 不能正确把握捏塑手法，不能将其与作品的图形跟理论准确结合。

2 在捏作品时，作品有变形，不能及时修正过来。

山茶花

特点：作品以白色、粉色为主，花形娇俏，造型美观。

制作视频

   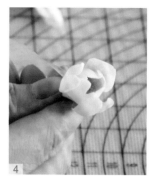

原料及工具

花卉干佩斯，翻糖膏，泰勒粉（CMC），食用色素，色粉，绑花胶带工具等。

制作步骤

1 用黄色花蕊折成圆球形，用绿色胶带缠上固定。

2 把做好的最小号花瓣1/3处缠到花蕊旁边，第一层总共3瓣。

3 把2号花瓣组装到第一层花瓣的接缝处。

4 用同样的方法包出3瓣花瓣。

5 用3号花瓣包紧花蕊并缠好，在制作中调整花瓣与花瓣之间的空间感。

 易错点
1 不能正确把握捏塑手法，不能将其与作品的图形跟理论准确结合。
2 在捏作品时，作品有变形，不能及时修正过来。

芍药花

特点：作品以白色、红色为主，花形富贵，状态饱满。

制作视频

原料及工具

花卉干佩斯，翻糖膏，泰勒粉（CMC），食用色素，色粉，绑花胶带工具等。

制作步骤

1 先取白色的细花心用绿胶带绑起来。

2 用菊花模具压出花瓣，需要小号中号各5片。

3 用圆形球棒把花瓣压出弧度，压薄。

4 把压好的花瓣包上已装上的花心。

5 包4~5层后整理花瓣外形，晾干。

6 用3号圈模压出圆形。

7 用翻糖纹理模压出纹路，压出花瓣的凹度，晾干。

8 一瓣一瓣地包。

9 包的时候注意花瓣与花瓣之间的间隙，第二瓣在第一瓣的1/2处。

10 一层5瓣，包完一层后整理花瓣形状。

11 包到第3层后，花瓣和玫瑰花手法一样向外翻。

12 把做好的花晾干，用毛笔粘色粉给花心上色，花心色深，花瓣色浅。

易错点 1 不能正确把握捏塑手法，不能将其与作品的图形跟理论准确结合。

2 在捏作品时，作品有变形，不能及时修正过来。

豌豆花

特点：作品以绿色、粉色为主，花朵小巧玲珑，美观可爱。

制作视频

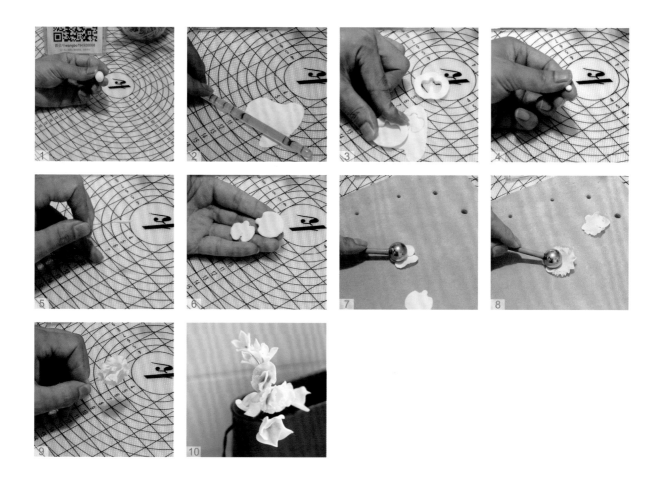

原料及工具

花卉干佩斯，翻糖膏，泰勒粉（CMC），食用色素，色粉，绑花胶带工具等。

制作步骤

1　用调好的白色翻糖膏揉成小水滴形。

2　再把水滴擀成片形。

3　用豌豆花模压出豌豆花的大形。

4　用白色翻糖揉成小水滴形。

5　再把小水滴捏成三角形。

6　取出之前压好的豌豆花。

7　用球刀把豌豆花压薄。

8　再用球刀擀出豌豆花边缘的波浪形。

9　把做好的花瓣组装到花心上。

10　把做好的豌豆花上色。

 易错点　　1　不能正确把握捏塑手法，不能将其与作品的图形跟理论准确结合。

　　　　　　2　在捏作品时，作品有变形，不能及时修正过来。

罂粟花

特点：作品以白色、绿色、黄色、红色为主，颜色丰富，造型美观。

制作视频

原料及工具

花卉干佩斯，翻糖膏，泰勒粉（CMC），食用色素，色粉，绑花胶带工具等。

制作步骤

1 把做好的罂粟花花蕊用绿色胶带缠好。

2 再把做好的花瓣组装到花蕊的1/2处，用胶带缠好。

3 用同样的方法缠上第4片花瓣。

4 缠第5片花瓣时要有空间感，不要太紧，以免显得太死板。

5 糖花组装好。

易错点

1 不能正确把握捏塑手法，不能将其与作品的图形跟理论准确结合。

2 在捏作品时，作品有变形，不能及时修正过来。

奥斯汀玫瑰

制作视频

特点：作品以白色、紫粉色为主，色彩饱满，造型美观。

原料及工具

豆沙，裱花嘴，裱花丁，食用色素，白刮板，镊子等。

制作步骤

1 用125K裱花嘴挤一个花托，用白刮板压平整。

2 挤出5~6层花心，一层比一层高，包5层左右。

3 再用5片花瓣包住花心。

4 花瓣慢慢打开，花嘴从里慢慢向外打开。

5 第三层打开35°包一层。

6 再把裱花嘴打开60°包一层。

7 用镊子修整包好的花瓣。

8 修至花瓣中间要向上凸起，使其有真实感。

 易错点
1 不能正确把握裱花的手法，不能将其与作品的图形跟理论准确结合。
2 在制作作品时，作品有变形，不能及时修正过来。

大丽花

特点：作品以白色、紫红色为主，色彩明亮，造型美观。

制作视频

原料及工具

豆沙，裱花嘴，裱花丁，食用色素，工具等。

制作步骤

1　准备好125K裱花嘴，转圈做好花托。

2　观察裱花嘴是否有堵塞。

3　粗口在下向上推，推出去叠下，向回收。

4　花瓣与花瓣之间要有空隙。

5　包出来的花中间低，若包出来中间高说明手法有问题。

6　包完一层看花瓣是否有间隙。

7　再以同样的地方起口，向外推，叠收回，转丁，这个手法再操作。

8　第二层包完后，在裱花袋装入小号五角形裱花嘴。

9　先旋转挤一个水滴形。

10　再依次点小星星。

11　外面加点绿色衬托，花心要比花瓣颜色深。

12　把花心包圆。

易错点　1　不能正确把握裱花的手法，不能将其与作品的图形跟理论准确结合。

　　　　2　在制作作品时，作品有变形，不能及时修正过来。

毛茛花

特点：作品以白色、紫粉色为主，色彩饱满，造型美观。

制作视频

原料及工具

豆沙，裱花嘴，裱花丁，食用色素，工具等。

制作步骤

1　在裱花丁上用125K裱花嘴挤出底托。

2　挤出毛茛花心。

3　裱花嘴向内倾斜，抬高，用转丁收的方法包。

4　每瓣花瓣最好一样大小，排列有序。

5　每包一层花瓣要比前一层花瓣降一点。

6　花瓣慢慢打开，花瓣变大。

7　一层层包圆，这个花瓣层数很多，只需每层排列有序，包圆即可。

8　包到一定的大小，裱花嘴再向下降低高度，从正面看花瓣要差不多高。

9　花瓣慢慢向外翻开，裱花嘴打开35°。

10　依次包圆。

 易错点

1　不能正确把握裱花的手法，不能将其与作品的图形跟理论准确结合。

2　在制作作品时，作品有变形，不能及时修正过来。

牡丹花

特点：作品以白色、紫粉色为主，色彩饱满，造型美观。

制作视频

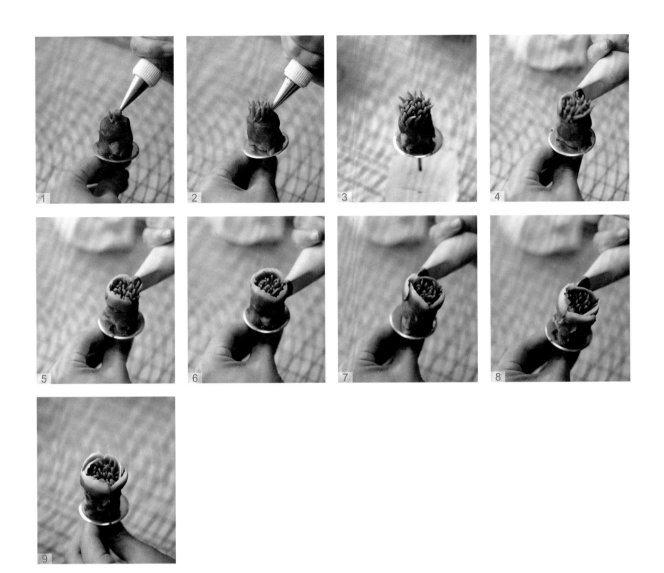

原料及工具

豆沙，裱花嘴，裱花丁，食用色素，白刮板，工具等。

制作步骤

1 挤出花托，挤好后用白刮板压平，用双孔嘴挤出小花心。

2 斜着在花托上挤出大花心。

3 花心里面深外面变浅，高低有差异，不可差异太大。

4 裱花嘴向自己面前的方向走，花瓣向上提，转丁走，第一层3瓣，花瓣之间要有间隙。

5 第二层以第一层的中间点为中心包。

6 第二层4瓣花瓣。

7 第三层花瓣数量加多，包圆，花瓣向外微开。

8 裱花嘴在向外开的同时向下微微降低高度。

9 包圆后看大小是否合适，整理花瓣。

10 再继续向外翻，将花朵包大。

11 包圆，花瓣不可以排队。

12 检查做好的花与你要做的蛋糕，比较大小是否合适。

13 若合适，用裱花嘴整理花瓣间的间距，作品完成放一旁备用。

 易错点　　1　不能正确把握裱花的手法，不能将其与作品的图形跟理论准确结合。
　　　　　　2　在制作作品时，作品有变形，不能及时修正过来。

芍药花

特点：作品以白色、紫红色为主，色彩鲜艳，造型美观。

制作视频

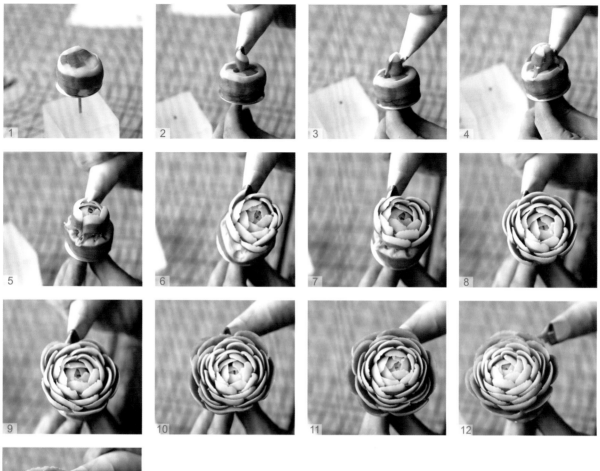

易错点　1　不能正确把握裱花的手法，不能将其与作品的图形跟理论准确结合。
　　　　2　在制作作品时，作品有变形，不能及时修正过来。

原料及工具

豆沙，裱花嘴，裱花丁，食用色素，工具等。

制作步骤

1　准备122号花嘴，做好底托。

2　把裱花嘴插入做好的底托上1/3的位置，边转丁边挤。

3　在做好的花心上包花瓣。

4　花瓣要把花心包住，先包3瓣。

5　然后旋转包，每瓣花瓣大小差不多。

6　花瓣慢慢加多，将花朵包大。

7　花心做到想要的大小后，把裱花嘴立起来，和包牡丹的手法一样。

8　花瓣慢慢包的时候一层比一层开。

9　看侧面花瓣够大了之后向下微降底花瓣，花瓣打开。

10　看正面花瓣高低是否差不多。

11　花瓣慢慢变大。

12　花瓣不可多，要一样均匀，否则会失去美观程度。

13　侧看花瓣，可见开放状态为最好，把花包圆。

芍药花苞

特点：作品以白色、绿色为主，色彩清新，造型美观。

制作视频

原料及工具

豆沙，裱花嘴，裱花丁，食用色素，工具等。

制作步骤

1 准备好裱花丁、手工裱花嘴。

2 先挤一个底托。

3 裱花丁插入底托1/3处，向上抬，转丁包出花心。

4 裱花嘴向自己的方向旋转，包出花瓣。

5 包出你想要的大小，颜色大小自己定。

易错点

1 不能正确把握裱花的手法，不能将其与作品的图形跟理论准确结合。

2 在制作作品时，作品有变形，不能及时修正过来。

无名花

特点：作品以白色、紫粉色为主，色彩鲜明，造型美观。

制作视频

原料及工具

豆沙，裱花嘴，裱花丁，食用色素，工具等。

制作步骤

1 先在裱花丁上挤一个底托，用手工裱花嘴倾斜15°角向外推。

2 第2瓣向外推，向内收回。

3 第3瓣也是同样操作。

4 第4瓣，抬高向里收。

5 做完后整理花瓣，花瓣间要空隙。

6 在花心中点黄色。

易错点

1 不能正确把握裱花的手法，不能将其与作品的图形跟理论准确结合。

2 在制作作品时，作品有变形，不能及时修正过来。

叶子

特点：作品以白色、绿色为主，色彩清新，形象逼真。

制作视频

原料及工具

豆沙，裱花嘴，裱花丁，食用色素，工具等。

制作步骤

1 裱花嘴与裱花丁的角度为15°，裱花嘴厚的一部分不可离开裱花丁，以上下抖动的方式向上推。

2 推出叶片后回叠。

3 再推出叶片，回叠。

4 叶片为两小一大。

5 左右对称，中间叶片长点。

易错点

1 不能正确把握裱花的手法，不能将其与作品的图形跟理论准确结合。

2 在制作作品时，作品有变形，不能及时修正过来。

罂粟花

特点：作品以白色、紫粉色为主，色彩饱满，造型美观。

原料及工具

豆沙，裱花嘴，裱花丁，白刮板，食用色素，工具等。

制作步骤

1 用125K裱花嘴在裱花丁上挤出底托。

2 用白色刮板修整底托。

3 裱花嘴倾斜15°角上下抖动向外推。

4 第一层3瓣，第二层以第一层的缝隙为中心点。

5 再用4号嘴在中心点挤圆球。

6 用五角星嘴在圆球上挤出黄色的花蕊。

易错点

1 不能正确把握裱花的手法，不能将其与作品的图形跟理论准确结合。

2 在制作作品时，作品有变形，不能及时修正过来。

愤怒的小鸟1

特点：作品以白色、黄色为主，色彩明亮，造型生动逼真。

制作视频

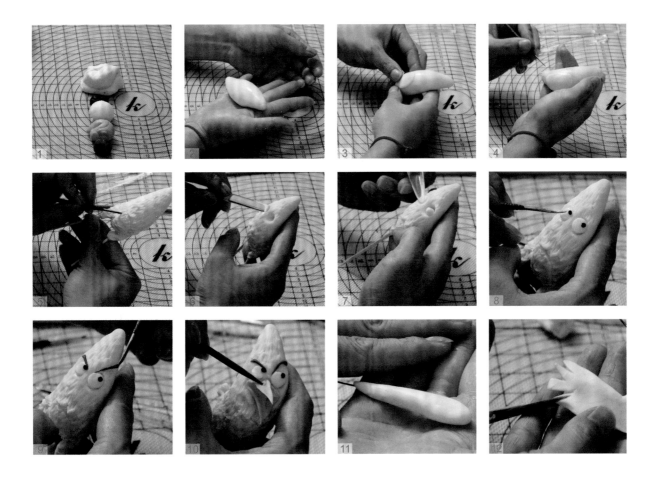

原料及工具

翻糖膏，泰勒粉（CMC），食用色素，捏塑工具等。

制作步骤

1 先准备好所需要的颜色揉匀备用。

2 取黄色的翻糖揉出梭形。

3 取一小块白色的翻糖贴在梭形的中间位置。

4 用捏塑棒划出小鸟的毛发纹路。

5 然后揉两个水滴形分别做出小鸟的大腿，要求和身体无缝粘接。

6 用球形捏塑刀压出眼睛的位置。

7 取两块圆形的白色翻糖放入眼睛的位置，压平做白眼球。

8 揉两个小黑点贴在白眼球的上面。

9 再用咖啡色揉出上粗下细的眉毛贴在眼睛上部。

10 揉一个梭形压扁对折分别用手挤压两头，然后粘到嘴巴的位置，再用捏塑刀做出小鸟的鼻孔。

11 揉一个长水滴形，把铁丝插入1/3的位置，压扁。

12 弯出造型，用剪刀剪出纹路，朝一个方向剪。

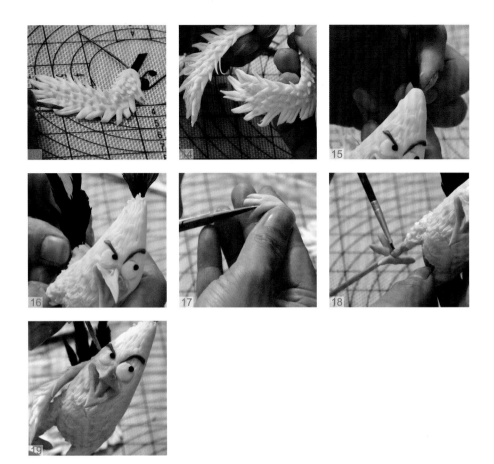

13 侧面剪好后均匀地剪上面，每一次都在每个空隙里剪。

14 两个翅膀都剪好后，凹出翅膀的形状，晾干备用。

15 把提前做好的羽毛装到小鸟的头部。

16 头部装完再接着把尾部的羽毛装上。

17 揉一个水滴形，前面压扁，用剪刀剪两刀。

18 把脚装上，用捏塑刀压出脚部的细节，进行轻微调整。

19 把晾干的左边翅膀用捏塑刀进行粘接，两个翅膀都做完后进行拼装。

 易错点　　1　不能正确把握捏塑手法，不能将其与作品的图形跟理论准确结合。
　　　　　　2　在捏作品时，作品有变形，不能及时修正过来。

愤怒的小鸟2

特点：作品以绿色、红色、咖啡色、黑色、黄色为主，颜色丰富，造型生动逼真。

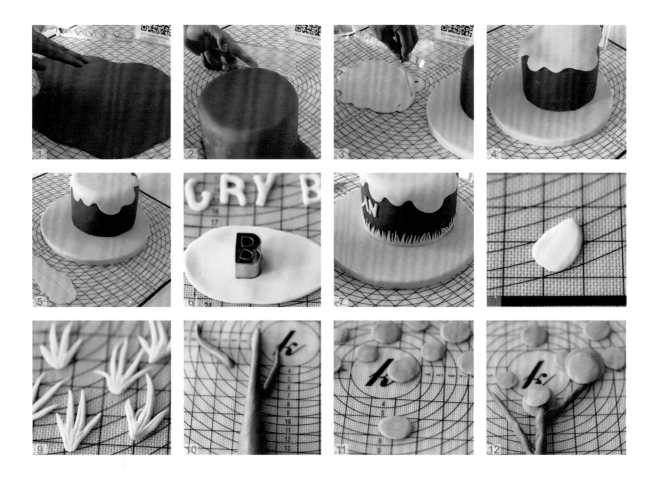

原料及工具

翻糖膏，泰勒粉（CMC），食用色素，捏塑工具等。

制作步骤

1　先将一块咖啡色的翻糖皮擀至没有裂纹。

2　把一个做好的6寸翻糖蛋糕放在下面，把擀好的翻糖皮包在上面，用抹平器抹平整。

3　再用一块绿色的翻糖包一个底托，再擀一块绿色的翻糖皮，用捏塑刀切出白云形的纹路，贴在咖啡色的蛋糕上。

4　贴好后整理外形。

5　擀一块长条形的绿色翻糖，用捏塑刀切出草的形状贴在咖啡色蛋糕上。

6　擀一块绿色的翻糖，用字母模压出需要的字母。

7　把压好的字母贴在蛋糕面上。

8　用一块绿色的翻糖揉出一个水滴形，压扁。

9　用捏塑刀均匀地切3刀，做出草的形态，晾干备用。

10　取一块咖啡色翻糖，揉成长水滴形穿入竹签，使竹签在翻糖的1/2处即可。再用咖啡色翻糖揉成细长条，晾干备用。

11　用橘黄色翻糖压出不均匀的小圆片，晾干备用。

12　把小圆片贴在树干上，错乱前后贴，使其有立体感。

13 把贴好的树晾干备用。

14 用树枝选好位置插入蛋糕坯中。

15 插上做好的愤怒的小鸟。

16 作品组装。

 易错点

1 不能正确把握捏塑手法，不能将其与作品的图形跟理论准确结合。
2 在捏作品时，作品有变形，不能及时修正过来。

"瓶"水相逢

特点：作品以白色、蓝色、绿色、黄色、红色、咖啡色为主，颜色丰富，造型唯美。

原料及工具

重油蛋糕，奶油霜，巧克力，糖霜，翻糖膏，泰勒粉（CMC），食用色素，捏塑工具等。

制作步骤

1 先将烤好的重油蛋糕修成圆形，再抹上奶油霜，包上白色翻糖膏，用黑色巧克力在翻糖膏周边画出小方块。

2 用4号捏塑刀点出护栏上的中心点。

3 取调好的黑色翻糖膏揉成小圆形，贴到卡通仔的鼻子上，用4号捏塑刀定作品的鼻子形状。

4 取先调好的一小块白色翻糖膏和一小块蓝色翻糖膏揉到一起，做出卡通仔的耳朵，用4号捏塑刀压平缝隙，塑出纹理。

5 取先调好的一小块白色翻糖膏和一小块黑色翻糖膏，揉圆贴到一起，做出小车的车轮。

6 用调好的黑色翻糖膏揉成小长条，贴出卡通仔的睫毛。

7 用2号捏塑刀压出花瓶下的纹理。

8 用4号捏塑刀开出小女孩的裙子线条。

9 取调好的红色翻糖膏，捏出水滴形状，贴到花瓶上，用1号捏塑刀压平，塑出花瓣形状。

10 取调好的蓝色翻糖膏，捏成水滴形状，贴到花边上，用4号捏塑刀压出纹理，组装到花瓶上。

易错点　　1　不能正确把握捏塑手法，不能将其与作品的图形跟理论准确结合。

2　在捏作品时，作品有变形，不能及时修正过来。

LOVE

特点：作品以白色、红色、黄色、咖啡色为主，颜色丰富，造型美观，极富浪漫气息。

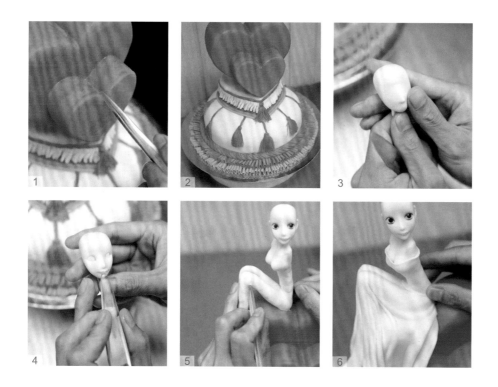

原料及工具

重油蛋糕，奶油霜，糖霜，翻糖膏，泰勒粉（CMC），食用色素，捏塑工具等。

制作步骤

1 先将烤好的重油蛋糕修成桃心形状，再抹上奶油霜，包上红色翻糖膏。

2 把烤好的重油蛋糕包上翻糖膏面皮，做成扇子形的花边效果。

3 把翻糖膏调为肉色，团成鸭蛋形状，注意头部器官的结构，捏出头部大体轮廓。

4 （1）用开眼刀在中庭位置开出两眼睛，彼此相距一个眼睛的宽度，使眼睛的形状成半圆。（2）在头部2/3的位置用1号刀推出鼻子。（3）用3号刀在鼻子下方开出嘴巴，推出下嘴唇。（4）将白色翻糖膏揉成水滴状做眼白贴入眼眶内，再取出2/3眼白份量的黑色翻糖膏揉成水滴状做黑眼珠，贴在眼白中间，最后紧挨眼睛上下边缘贴上黑色翻糖膏制作的细条状眼线，完成眼睛的制作。

5 用1号捏塑刀塑出人物的主体部分，包括角色的胸部、腰部以及双腿，使其整体动态呈现N型。

6 用白色翻糖膏从新娘的胸部往下贴，制作出新娘衣裙的褶皱感，让裙子看起来顺畅自然。

7 先用黄色翻糖膏贴出头发的大块后，用2号刀压出头发局部的纹路，制作出发丝效果，使其真实自然。

8 同步骤5制作出新郎的动态造型。将白色翻糖膏擀成薄片状，贴在新郎衬衫上部，制作出衣领。

9 把翻糖膏调和成灰色，使其与衣服的颜色存在对比后，同样擀成薄片状，贴在新郎的西装上，形成西装领子。

10 调和出咖啡色翻糖膏作为新郎的头发，将其擀成条状贴和头部，再用2号捏塑刀，塑出头发丝，使新郎的头发连成整体并富有立体感及层次感。

 易错点　1　不能正确把握捏塑手法，不能将其与作品的图形跟理论准确结合。
2　在捏作品时，作品有变形，不能及时修正过来。

鳄鱼兄弟

特点：作品以白色、黑色、绿色、蓝色为主，颜色丰富，造型生动可爱，充满童趣。

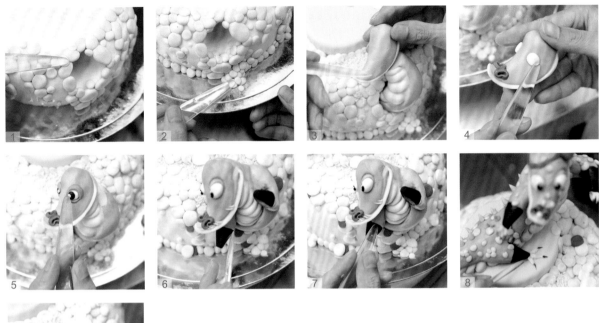

 易错点

1 不能正确把握捏塑手法，不能将其与作品的图形跟理论准确结合。
2 在捏作品时，作品有变形，不能及时修正过来。

原料及工具

重油蛋糕，奶油霜，糖霜，翻糖膏，泰勒粉（CMC），食用色素，捏塑工具等。

制作步骤

1 先将烤好的重油蛋糕修成圆形，再在蛋糕上打个孔洞，再抹上奶油霜，包上白色翻糖膏。取先调好的淡蓝色翻糖膏，揉成大大小小的圆形，贴到翻糖膏上，用1号捏塑刀压紧。

2 用先调好的淡蓝色翻糖膏揉成圆形，贴到孔洞的周边，用1号捏塑刀压紧周围。

3 取先调好的绿色翻糖膏，揉成半圆形，作为鳄鱼的头部，放在旁边，再用白色翻糖膏，捏出鳄鱼下巴，把头部贴到下巴上，用2号捏塑刀，塑出鳄鱼的嘴角线。

4 将调好的咖啡色翻糖膏揉成圆球状，用5号捏塑刀塑出鳄鱼的鼻孔。取调好的白色翻糖膏，揉圆贴到眼眶内，用1号捏塑刀从上往下压平白眼球。

5 将头部安装到鳄鱼的身体上。取调好的黑色翻糖膏，揉成小圆点，贴到眼白上，用1号捏塑刀压平。再贴高光的位置。

6 取先调好的绿色翻糖膏跟黑色翻糖膏揉到一起，做出鳄鱼的手臂，贴到脖子下方位置，用1号捏塑刀组装手臂。

7 用1号捏塑刀，塑出鳄鱼手臂上的纹路。

8 取调好的淡绿色翻糖膏，捏成小条，用5号捏塑刀塑出爪子上的纹理。

9 取调好的黄色翻糖膏，捏出帽子，组装到鳄鱼头部上。

海盗奇兵

特点：作品以白色、黑色、红色、咖啡色为主，颜色丰富，造型可爱逼真，充满童趣。

 易错点
1 不能正确把握捏塑手法，不能将其与作品的图形跟理论准确结合。
2 在捏作品时，作品有变形，不能及时修正过来。

原料及工具

重油蛋糕，奶油霜，糖霜，翻糖膏，泰勒粉（CMC），食用色素，捏塑工具等。

制作步骤

1 先将烤好的重油蛋糕修成圆形，再抹上奶油霜，包上白色翻糖膏。取先调好的咖啡色翻糖膏，捏成车轮形，用红色翻糖膏跟着外围包一圈，要包两层。用咖啡色翻糖膏揉出4条相同长的条，晾干。再取咖啡色翻糖膏捏出8个小圆球，把小圆球贴到长条上，做出舵的形状。

2 把做好的舵组装到作品上，再取一小块黄色翻糖膏揉成小圆点贴到舵的中心点，用2号捏塑刀定型。

3 取先烤好的重油蛋糕，修成船体形状，包上咖啡色翻糖膏，安装到作品上，用1号捏塑刀做出船体细节。

4 取调好的咖啡色翻糖膏，揉成半圆形，安装到船体的左下方，用5号捏塑刀开出章鱼的双眼，取一小点白色翻糖膏，揉圆，做出章鱼的

眼白，再取1/3的黑色翻糖膏，揉圆贴到眼白上作为黑眼球。

5 取调好的咖啡色翻糖膏，揉成长条，弯出S形状，再取一小块白色翻糖膏，揉圆贴到章鱼脚上，用5号捏塑刀定出吸盘上的中心点。

6 取先调好的肉色翻糖膏，揉圆，做出人物头部，安装到身体上，用3号捏塑刀开出人物嘴巴。

7 取先调好的咖啡色翻糖膏揉成水滴状，安装到小孩头上，用2号捏塑刀塑出头发形状。

8 取调好的白色、黑色翻糖膏揉到一起。揉成长条形状，做出海盗的右手臂。

9 取调好的咖啡色翻糖膏，揉成长条，晾干后用美工刀切出小短条，组装到船体上，用白翻糖膏做出护栏上的细节。

家园

特点：作品以咖啡色、绿色、红色、黄色为主，颜色丰富，形态可爱，充满童趣。

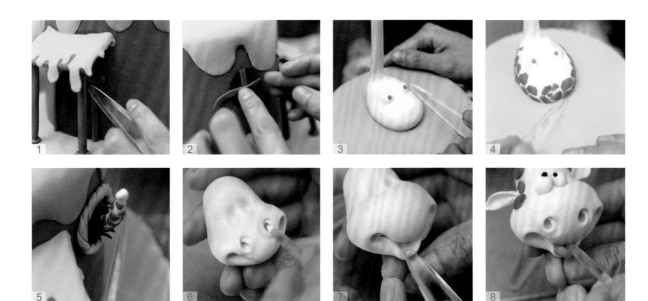

易错点
1 不能正确把握捏塑手法，不能将其与作品的图形跟理论准确结合。
2 在捏作品时，作品有变形，不能及时修正过来。

原料及工具

重油蛋糕，奶油霜，糖霜，翻糖膏，泰勒粉（CMC），食用色素，捏塑工具等。

制作步骤

1 先将烤好的重油蛋糕修成圆形，再抹上奶油霜，包上咖啡色翻糖膏。取调好的绿色翻糖膏，擀成圆形，贴到咖啡色蛋糕上部，用1号捏塑刀从上往下塑出水浪形，压平。再用1号捏塑刀塑出蛋糕下半面的门，压圆。

2 把先调好的咖啡色翻糖膏擀成圆形，用小刀切成小条。窗户粘出十字形。

3 取先调好的黄色翻糖膏，揉成大小水滴状，捏出长颈鹿的胸部跟长颈鹿的脖子。再用调好的红色翻糖膏揉成小水滴粘到长颈鹿胸上。

4 取调好的咖啡色翻糖膏，擀成圆形，用小刀切成小方块，贴到身体的下半部分。

5 用同样的方法，把第二只长颈鹿的脖子做出来。

6 取先调好的黄色翻糖膏，揉圆，用球形刀塑出眼睛。再用5号捏塑刀开出鼻子。

7 用1号捏塑刀从内到外开出嘴巴上的形状。

8 取调好的白色翻糖膏，揉成小球贴出眼睛。再用黄色翻糖膏揉成小水滴，捏出耳朵，粘到眼睛后方。间隔一个眼睛的位置，用红色翻糖膏捏出舌头，贴到嘴巴里。

9 把做好的小鹦鹉贴到长颈鹿的头部，把事先做好的小花装到蛋糕上。

花语

特点：作品以白色、蓝色、红色、黄色为主，颜色丰富，形态美观可爱。

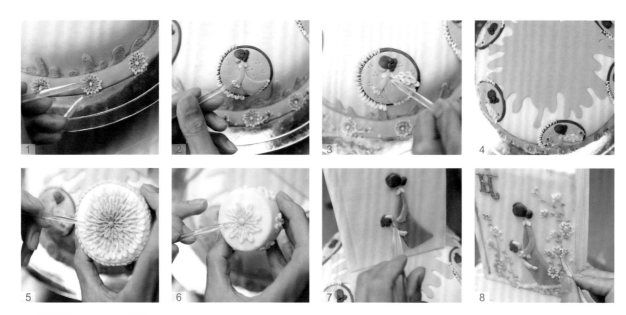

原料及工具

重油蛋糕，奶油霜，糖霜，翻糖膏，泰勒粉（CMC），食用色素，捏塑工具等。

制作步骤

1 先将烤好的重油蛋糕修成圆形，再抹上奶油霜，包上白色翻糖膏，取调好的桃红色翻糖膏，揉成圆形，贴到翻糖膏上，用1号捏塑刀，从上往下压平，做出圆形，做出底层小花。

2 把做好的小女孩贴到翻糖膏上，取白色翻糖膏，揉成小雨滴状，贴到小女孩手上压紧，用同样的方法，做出前半面，鲜明对比。

3 取调好的白色翻糖膏，揉成小水滴状，贴出小女孩的翅膀，从后往前贴，用5号捏塑刀压紧。

4 取调好的桃红色翻糖膏，擀成片形，用美工刀修出花纹形的造型，贴到翻糖膏上。

5 用包好的白色翻糖膏做出花纹。取调好的蓝色翻糖膏，揉成小圆球状。从内往外贴出花瓣，用5号捏塑刀定型。

6 取先调好的黄色翻糖膏，揉成小圆球状，从内往外贴出花瓣，用5号捏塑刀定型。

7 取先用翻糖膏包好的书，安装到翻糖膏上，取调好的肉色做出女孩的脸，再用紫色、桃红色翻糖膏做出女孩的下身跟手臂，贴到书上。

8 用调好的蓝、红、绿色翻糖膏做出树枝、树叶、花瓣，用5号捏塑刀定型。

9 把做好的花成品安装到书上组装。

磨菇乐园

特点：作品以白色、绿色、黄色、咖啡色为主，颜色丰富，造型可爱，充满童趣。

 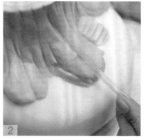  

原料及工具

重油蛋糕，奶油霜，糖霜，翻糖膏，泰勒粉（CMC），食用色素，捏塑工具等。

制作步骤

1 先将烤好的重油蛋糕修成圆形，再抹上奶油霜，包上白色翻糖膏。把烤好的重油蛋糕先修成树架形状，再抹上奶油霜，包上黄色翻糖膏。用2号捏塑刀塑出树架上的纹路形状。

2 用1号捏塑刀，塑出树架上的表面纹路。

3 取先调好的翻糖膏揉成长条，晾干，用美工刀切长10cm短2cm不等的条，组装到一起，填出楼层。

4 把做好的楼梯安装到空楼上。

5 把做好的黄色翻糖膏条，用1号捏塑刀装组到大门上。

6 取先调好的肉色翻糖膏，揉成圆形，做出女孩脸部。再用黄色翻糖膏揉成长条，贴到女孩头上，用2号捏塑刀做出头发的大型。

7 做好女孩头部的大型。

8 用调好的肉色捏出女孩下半身，把做好的头部安装到身体上，再用2号捏塑刀塑出头发大型。

9 再用4号捏塑刀，细做女孩发丝。

 易错点　　1 不能正确把握捏塑手法，不能将其与作品的图形跟理论准确结合。
　　　　　　2 在捏作品时，作品有变形，不能及时修正过来。

青苹果乐园

特点：作品以白色、绿色、黄色、桃红色、黑色和咖啡色为主，颜色丰富，造型可爱，清新美观。

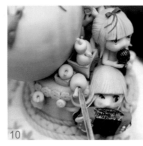

 易错点

1 不能正确把握捏塑手法，不能将其与作品的图形跟理论准确结合。

2 在捏作品时，作品有变形，不能及时修正过来。

原料及工具

重油蛋糕，奶油霜，糖霜，翻糖膏，杏仁膏，泰勒粉（CMC），食用色素，毛笔，捏塑工具等。

制作步骤

1 先将烤好的重油蛋糕修成圆形，再抹上奶油霜，包上桃红色翻糖膏。再取绿色翻糖膏揉成长条，贴到杏仁膏上，再压出花纹。

2 将烤好的重油蛋糕修成苹果形状，包上绿色翻糖膏，压平，注意苹果上不要有裂缝。

3 取先调好的肉色翻糖膏，揉圆，用大拇指压出眼眶、鼻子形状。

4 取先调好的蓝色翻糖膏，贴到小孩头上，做出头发的大型，用2号捏塑刀塑出头发纹理。

5 取一块红色翻糖膏跟一块黑色翻糖膏，做出手风琴。再用白色翻糖膏揉成小圆点，贴到手风琴上做出按键。

琴上做出按键。

6 取一块桃红色杏仁膏，跟一块白翻糖膏贴到一起，做出小孩的耳朵，再用4号捏塑刀压出纹理并定型。

7 用一块先调好的咖啡色翻糖膏做出小孩的头发，用2号捏塑刀压出头发纹理和线条。

8 用毛笔把银色的食用色素刷到话筒上。

9 把调好的黄色翻糖膏揉成10cm的长条，晾干后组装到一起。

10 取调好的绿色翻糖膏揉圆，再用4号捏塑刀压出苹果的上下方。

唐老鸭的故事

特点：作品以白色、绿色、黄色、咖啡色为主，颜色丰富，造型可爱，充满童趣。

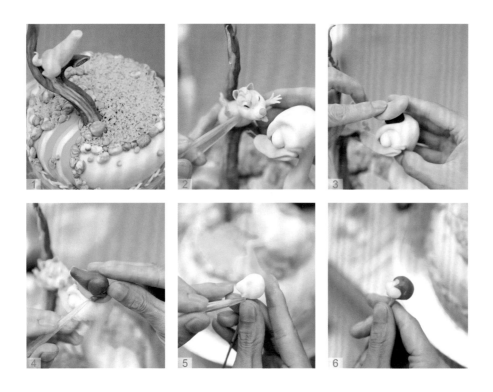

原料及工具

重油蛋糕，奶油霜，糖霜，翻糖膏，泰勒粉（CMC），食用色素，剪刀，捏塑
工具等。

制作步骤

1　先将烤好的重油蛋糕修成圆形，再抹上奶油霜，包上白色翻糖膏。取调好
　　的绿色翻糖膏揉成长条，贴到包好的蛋糕底部，压出纹理。取白色、蓝色
　　翻糖膏揉到一起，做出小溪。取绿色翻糖膏做出上层的草地。取咖啡色、
　　白色翻糖膏揉到一起，做出树枝。取黄色、白色翻糖膏揉到一起，做出小
　　松鼠的下半身体。

2　取黄色翻糖膏揉成长条，用剪刀剪出小松鼠的爪子。用2号捏塑刀定出小松
　　鼠的手臂，安装到小松鼠的身体上。

3　取先调好的蓝色翻糖膏揉成长条，做出唐老鸭的帽子。

4　取先调好的咖啡色、白色翻糖膏揉到一起，做出小松鼠的身体和脚，做好
　　后安装到唐老鸭的帽子上面。

5　取调好的白色翻糖膏揉成半圆形，用1号捏塑刀塑出小松鼠的头部大型。

6　取先调好的咖啡色翻糖膏捏成三角形，贴到小松鼠的上半面。

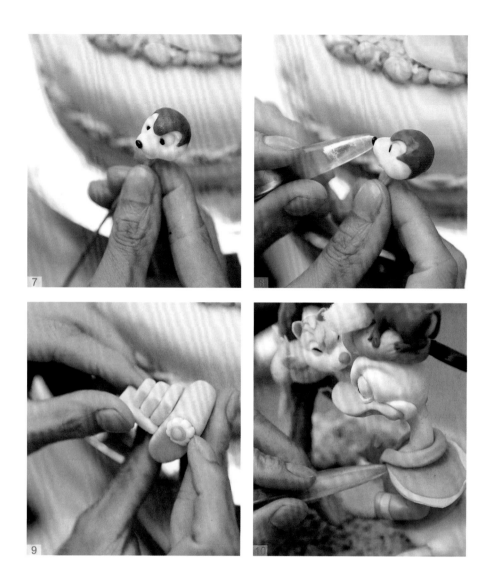

7　取先调好的白色翻糖膏揉成小圆形，贴到小松鼠的眼眶内，再取一小块黑色翻糖膏揉成小圆形，贴到白眼球上。

8　取先调好的黑色翻糖膏揉成小圆形，贴到小松鼠的鼻子上，用1号捏塑刀定形状。

9　取先调好的紫色翻糖膏揉成长条，用刀切出小方块。小方块晾干后组装到一起，安装到唐老鸭的手上。

10　取先调好的蓝色翻糖膏做出衣纹，用2号捏塑刀塑出衣服上的纹理细节。

易错点　　1　不能正确把握捏塑手法，不能将其与作品的图形跟理论准确结合。
　　　　　　2　在捏作品时，作品有变形，不能及时修正过来。

甜蜜乐园

特点：作品以白色、黑色、红色、黄色、紫色、咖啡色为主，颜色丰富，造型美观，充满童趣。

原料及工具

重油蛋糕，奶油霜，糖霜，翻糖膏，泰勒粉（CMC），食用色素，捏塑工具等。

制作步骤

1 先将烤好的重油蛋糕修成圆形，再抹上奶油霜，包上白色翻糖膏。用调好的蓝色翻糖膏做出小女孩的帽子。用调好的肉色翻糖膏做出小孩的手、脸、脚。注意，在贴的时候不要有裂缝。再用黄色翻糖膏做出底层的花纹。

2 取调好的桃红色翻糖膏贴到底层的杯子蛋糕上，用2号捏塑刀压出下方纹理。

3 取调好的肉色翻糖膏揉成圆形，用2号捏塑刀开出小孩眼睛的半圆形。用咖啡色翻糖膏揉成长条，贴出小孩的眼皮和眉毛。

4 取调好的黑色翻糖膏揉成水滴状，贴出小孩的头发，用2号捏塑刀开出头发的纹理。

5 把做好的两个小孩组装到杯子翻糖膏上。注意，组装要有空间感。

6 用调好的红色翻糖膏捏出草莓大型，再用黄色翻糖膏揉成水滴状，贴到草莓上。

7 用调好的黄色翻糖膏做出花瓣的形状，贴到杯子翻糖膏上，压平，组装。

8 取调好的黄色翻糖膏，捏出五角星形状，组装到右边小孩的手上。

 易错点 　1 不能正确把握捏塑手法，不能将其与作品的图形跟理论准确结合。
　2 在捏作品时，作品有变形，不能及时修正过来。

甜品

特点：作品以白色、紫色、绿色、黄色、红色、咖啡色为主，颜色丰富，造型美观。

 易错点

1 不能正确把握捏塑手法，不能将其与作品的图形跟理论准确结合。

2 在捏作品时，作品有变形，不能及时修正过来。

原料及工具

重油蛋糕，奶油霜，糖霜，翻糖膏，泰勒粉（CMC），食用色素，火枪，捏塑工具，美工刀等。

制作步骤

1 先将烤好的重油蛋糕修成方形，再抹上奶油霜，包上白色翻糖膏，晾干后用火枪烧成金黄色。

2 将烤好的重油蛋糕修成圆形，再抹上奶油霜，包上白色翻糖膏。取调好的黄色、桃红色翻糖膏揉成长条，贴到包好的白色蛋糕底层。再用5号捏塑刀塑出花纹。再取紫色翻糖膏揉成小圆球，贴到黄色花纹上。

3 取调好的肉色翻糖膏，揉圆，贴到翻糖膏上面。用1号捏塑刀塑出小女孩头部。取调好的咖啡色翻糖膏，做出女孩的头发。再取调好的红色、蓝色翻糖膏，做出小女孩的发夹。

4 取先调好的红色翻糖膏揉成半圆形，贴到白色翻糖膏上。用5号捏塑刀塑出双眼和嘴巴。用

黑色、白色翻糖膏贴出眼睛。用调好的黄色翻糖膏捏成小圆点，贴到草莓上，用4号捏塑刀定形状。

5 取先调好的绿色翻糖膏揉成长条，贴到蛋糕上。

6 用先调好的咖啡色翻糖膏揉成半圆，贴到咖啡碗里。再取少许咖啡色翻糖膏揉出水滴状，贴到咖啡碗边上。

7 取调好的肉色翻糖膏做出女孩的头部，再取少许肉色翻糖膏揉圆，做出耳朵。

8 把做好的头部安装到身体上。取咖啡色翻糖膏捏成长条，做出女孩的头发。

9 取调好的咖啡色翻糖膏，擀成片，用美工刀切成小条，贴到女孩脚上，安装好。

许愿树

特点：作品以白色、紫色、红色、黄色、咖啡色为主，颜色丰富，造型美观。

 易错点
1 不能正确把握捏塑手法，不能将其与作品的图形跟理论准确结合。
2 在捏作品时，作品有变形，不能及时修正过来。

原料及工具

重油蛋糕，奶油霜，糖霜，翻糖膏，泰勒粉（CMC），食用色素，美工刀，剪刀，捏塑工具等。

制作步骤

1 先将烤好的重油蛋糕修成圆形，再抹上奶油霜，包上白色翻糖膏。取调好的咖啡色翻糖膏擀成长条，用美工刀修出围墙的形状，贴到蛋糕上面。用1号捏塑刀塑出S形，用2号捏塑刀按照从下到上的方法塑出树的形状，把树贴到围墙旁边。

2 取调好的红色、绿色、白色、黄色翻糖膏，揉成小圆球，贴到蛋糕上，用1号捏塑刀定型。

3 做出上半面的形状。

4 取调好的咖啡色、白色翻糖膏揉到一起，做出鹿的身体形状，再做出鹿的四只脚，组装到墙的过道上。再取咖啡色、白色翻糖膏揉到一起，做出鹿的头部、耳朵、角，晾干后组装到鹿的身体上。

5 取调好的肉色翻糖膏揉成圆形，用1号捏塑刀塑出女孩的头部大型，再用2号捏塑刀塑出女孩眼睛的形状。

6 取调好的白翻糖色膏捏成小圆球，贴到女孩的眼眶内做出眼白。再用同样的方法，做出黑眼球贴到眼白上。用调好的黑色翻糖膏揉成小长条贴出睫毛。用3号捏塑刀定眼睛形状。

7 取调好的紫色翻糖膏揉成长条，做出女孩的下半身，用1号捏塑刀塑出女孩的衣纹。把做好的女孩头部组装到身体上。

8 取调好的肉色翻糖膏揉成长条，用剪刀剪出5个手指，用1号捏塑刀塑出手的形状，晾干后贴到手壁上。

9 取调好的紫色翻糖膏揉成长条，贴到蛋糕底部，用1号捏塑刀从内到外塑出花纹。再取调好的黄色翻糖膏揉成长条，贴到紫色花纹外围，再用2号捏塑刀塑出花纹。

（三）高级翻糖蛋糕制作

1. 翻糖蛋糕——3D巧克力蛋糕制作

小猫咪

特点：作品以白色、咖啡色、黑色为主，造型可爱，生动形象。

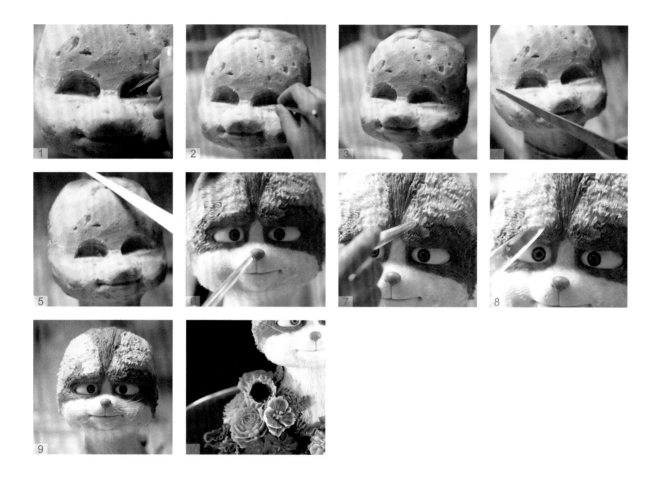

原料及工具

蛋糕，巧克力膏，奶油霜，翻糖膏，泰勒粉（CMC），食用色素，色膏，捏塑工具等。

制作步骤

1　把烤好的4个6寸蛋糕坯摞在一起，用蛋糕刀削出蛋糕大型，再用雕刻刀切出猫咪的细节轮廓。

2　再用小号雕刻刀做出更细节的轮廓。

3　再用蛋糕刀削出小猫咪身体的细节。

4　用蛋糕刀把小猫咪全身细节毛糙的地方再次修平整。

5　用奶油霜涂抹蛋糕坯全部地方，再用白色的翻糖包住蛋糕坯。

6　用调好的红色巧克力膏揉成小水滴形，用捏塑刀压出作品的鼻子。

7　用捏塑刀从上往下拉出作品的毛发纹理。

8　把调好的咖啡色翻糖膏贴到眼睛上方，再用捏塑刀压出纹理。

9　作品头部完成。

10　把之前做好的裱花组装到作品的左下方。作品成品完成。

 易错点　　1　不能正确把握捏塑手法，不能将其与作品的图形跟理论准确结合。
　　　　　　2　在捏作品时，作品有变形，不能及时修正过来。

翻糖蛋糕制作实例　　89

小兔子

原料及工具

重油蛋糕，巧克力膏，黄油霜，翻糖膏，泰勒粉（CMC），食用色素，色膏，捏塑工具等。

制作步骤

1 把烤好的重油蛋糕坯作为小兔子的身体，再用刀雕出小兔子的身体形状。

2 再用黄油霜涂抹小兔子全身，再把白色巧克力膏揉软并擀成皮，包到作品上面。用开眼刀开出小兔子的眼睛。

3 用小号开眼刀塑出小兔子的鼻子。

4 用捏塑刀塑出小兔子的下身毛发，毛发要大。

5 再用同样的方法捏出小兔子的头部毛发。

6 细修小兔子毛发，线条要顺畅。

7 把做好的兔子耳朵组装到作品上。

8 小兔子头部特写。

 易错点

1 不能正确把握捏塑手法，不能将其与作品的图形跟理论准确结合。

2 在捏作品时，作品有变形，不能及时修正过来。

Max狗狗

特点：作品以白色、咖啡色、黑色为主，造型可爱，生动形象。

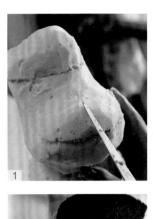   

原料及工具

蛋糕，巧克力膏，泰勒粉（CMC），食用色素，色膏，捏塑工具等。

制作步骤

1 先削出狗狗大型，放入冰箱。取出较柔软的油冻，均匀涂抹在蛋糕体上，做出光滑的外表，再放入冰箱冷藏30分钟。

2 在做好的蛋糕大型上贴上巧克力膏，用咖啡色的巧克力膏做出眉毛。

3 用白色的巧克力膏做出圆形的眼睛。

4 再用黑色的巧克力膏做出鼻子的形状，用小刀压出鼻子的纹路。

5 在狗狗嘴巴里填上红色与黑色，使狗狗嘴型逼真，有立体感。

6 嘴巴做好后，开始制作牙齿，擀一个厚而短的长条，贴在嘴巴上，用捏塑刀压出牙齿的纹路。

7 最后装上巧克力Max狗狗耳朵。

 易错点

1 不能正确把握捏塑手法，不能将其与作品的图形跟理论准确结合。

2 在捏作品时，作品有变形，不能及时修正过来。

疯狂动物城狐狸

特点：作品以白色、橙色、咖啡色为主，造型可爱，生动形象。

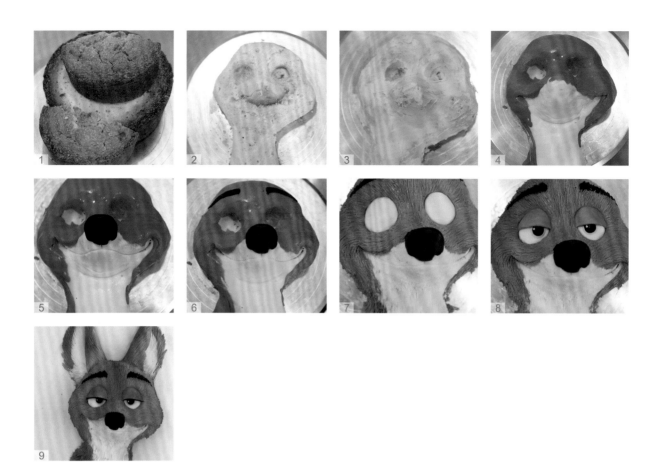

原料及工具

蛋糕，巧克力膏，黄油霜，泰勒粉（CMC），食用色素，色膏，捏塑工具等。

制作步骤

1 把烤好的4个6寸蛋糕坯摞在一起。

2 用蛋糕刀削出蛋糕大型，再用雕刻刀切出狐狸的细节轮廓。

3 把打好的黄油霜均匀地抹上，定型。

4 把调好的淡黄色、橙色巧克力膏擀成片形，包住蛋糕。

5 把调好的黑色巧克力膏揉成水滴形，做出鼻子的形状，用开眼刀开出狐狸的嘴巴。

6 把调好的黑色巧克力膏揉成小长条，贴出眉毛。

7 用捏塑刀从上往下拉出作品的毛发纹理来。

8 用调好的黑色巧克力膏贴出眼睛，再用捏塑刀压出纹理。

9 把做好的耳朵组装到头部，压出纹理。

 易错点
1 不能正确把握捏塑手法，不能将其与作品的图形跟理论准确结合。
2 在捏作品时，作品有变形，不能及时修正过来。

老山羊

特点：作品以白色、黑色、红色、紫色为主，颜色丰富，形象逼真。

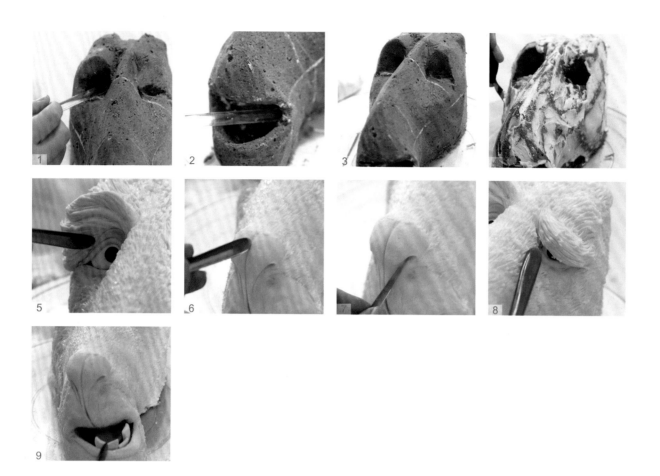

原料及工具

重油蛋糕，巧克力膏，黄油霜，泰勒粉（CMC），食用色素，捏塑工具等。

制作步骤

1 把烤好的重油蛋糕坯作为老山羊的头部，再用刀雕出眼睛的形状。

2 用捏塑刀塑出嘴巴的形状。

3 雕出作品头部形状。

4 把黄油霜抹到作品上面，抹平。

5 把调好的肉色巧克力膏揉成水滴状，粘到眼睛上，再用开眼刀开出作品的眼睛。

6 把调好的肉色巧克力膏揉成长水滴状，粘到鼻子上，再用开眼刀塑出鼻子上的纹路。

7 用捏塑刀塑出作品的鼻孔。

8 把白色巧克力膏揉成小长条，粘到眼睛上方，用捏塑刀塑出眉毛的形状。

9 把白色巧克力膏揉成小水滴状，再用捏塑刀塑出牙齿的形状，粘到作品的嘴巴内。

 易错点　1 不能正确把握捏塑手法，不能将其与作品的图形跟理论准确结合。
　　　　　2 在捏作品时，作品有变形，不能及时修正过来。

梅花鹿

特点：作品以白色、咖啡色、黑色为主，颜色丰富，造型美观，形象逼真。

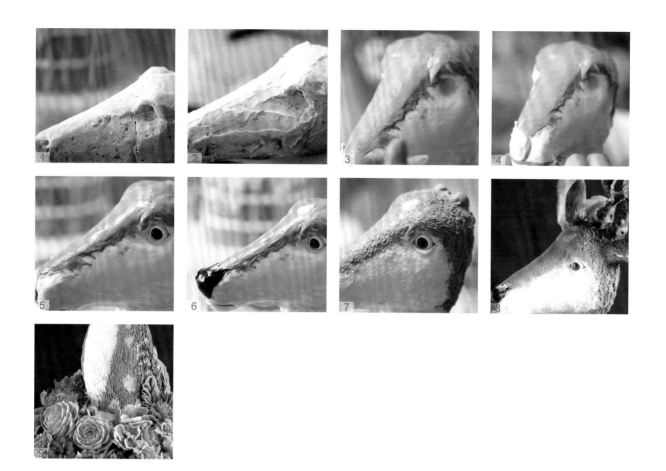

原料及工具

重油蛋糕，巧克力膏，奶油霜，泰勒粉（CMC），食用色素，捏塑工具等。

制作步骤

1. 先将重油蛋糕拼接成长方形，用蛋糕刀削出梅花鹿头部大型。

2. 把打好的奶油霜均匀涂抹到每个部位。

3. 把白色巧克力膏擀成梅花鹿头大小的面皮，包住梅花鹿头部，要求平整无皱褶。再取调好的咖啡色巧克力膏贴在鹿头中间，作为鹿的鬃毛。

4. 在鹿头嘴巴、鼻子的地方贴上长条形咖啡色巧克力膏，作为鹿嘴巴与鼻子的分界线。

5. 用白色的巧克力膏揉出一个圆形作为眼球，取一小块黑色的巧克力膏贴在白色的眼球上。

6. 取一块黑色的巧克力膏贴在鹿鼻子的位子，在两侧用球刀压出鼻孔。

7. 用咖啡色的巧克力膏在鹿头末端做出两个小鼓包，作为鹿角。

8. 再把一块白色、一块咖啡色的巧克力膏叠在一起，切出一个大三角，用捏塑刀画出动物毛发纹路，晾干后组装在鹿头两侧。

9. 组装成品，可在梅花鹿角上组装花卉，也可在梅花鹿底部放置豆沙裱花。

易错点

1. 不能正确把握捏塑手法，不能将其与作品的图形跟理论准确结合。
2. 在捏作品时，作品有变形，不能及时修正过来。

圣诞节

特点：作品以蓝色、咖啡色、绿色、黄色为主，颜色丰富，造型优美，生动形象。

  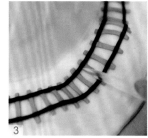 

   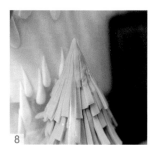

易错点
1 不能正确把握捏塑手法，不能将其与作品的图形跟理论准确结合。
2 在捏作品时，作品有变形，不能及时修正过来。

原料及工具

重油蛋糕，奶油霜，糖霜，翻糖膏，泰勒粉（CMC），食用色素，色膏，捏塑工具等。

制作步骤

1 先将烤好的重油蛋糕修成圆形，再抹上奶油霜，包上淡白色翻糖皮。把调好的淡蓝色翻糖膏擀成圆形，用小刀修成水滴状，粘到蛋糕上，贴平。

2 用白色翻糖膏捏出五个水滴状，粘到蜡烛干上，用1号捏塑刀塑出半圆形。再将黄色、橙色、红色翻糖膏捏成水滴状，粘到一起，安装到蜡烛最上面。

3 将黄色翻糖膏擀成圆形，用小刀切成小长条，贴到蛋糕底部。再把调好的黑色翻糖膏擀成圆形，用小刀切成长条，贴到黄色翻糖条上。

4 将调好的红色翻糖膏捏成长圆形，做出小火车的烟囱。再将咖啡色、黑色翻糖膏捏圆，粘到火车头上。

5 将调好的黄色翻糖膏捏成小圆形，晾干。再将黑色翻糖膏擀平，用小刀切成小长条，粘到晾干的轮子上，塑平。

6 用白色翻糖膏捏出圣诞车的外形，将调好的红色翻糖揉成长条，粘到圣诞车的表层，用2号捏塑刀塑出花纹。

7 把做好的圣诞老人粘到圣诞车上，用调好的红色翻糖膏捏出帽子并粘到老人头上，再将白色翻糖膏粘到帽子表层。

8 将调好的绿色翻糖膏擀成圆片，用小刀切成小长条，晾干。将调好的咖啡色翻糖膏揉成长条，粘到晾干的绿色翻糖条上。

9 把做好的配件、小礼盒、五角星组装到圣诞树上。

博士

特点：作品以白色、蓝色、肉色为主，形象生动，表情夸张。

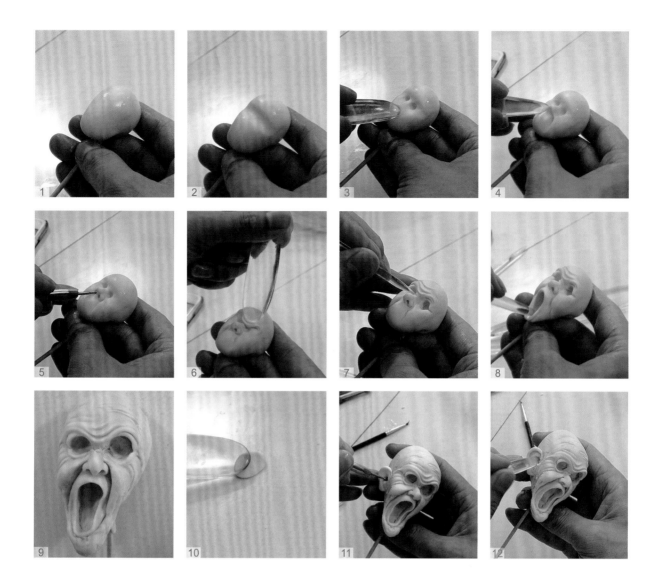

原料及工具

翻糖膏，泰勒粉（CMC），食用色素，色膏，球形棒，球刀，毛笔，捏塑工具等。

制作步骤

1 把调好的深肉色翻糖膏揉成长圆形。

2 再用球棒压到整张脸的1/3处。

3 用主刀定出人物头部的眼睛鼻头。

4 再用主刀推出鼻翼的双面，定出嘴巴大型。

5 用小球刀点出鼻孔。

6 用主刀压出眉毛的弧度与额头上面的皱纹。

7 用球棒点出眼睛的大小，定型。

8 再用球棒从上往下拉，拉出嘴巴弧度。

9 头部成品图。

10 用调好的深肉色翻糖膏揉出小圆形并压扁，定出耳朵的大型。

11 把耳朵粘到头部左后方，粘牢，再用小球刀开出耳洞。

12 再用小号主刀塑出耳朵上面的每个细节。

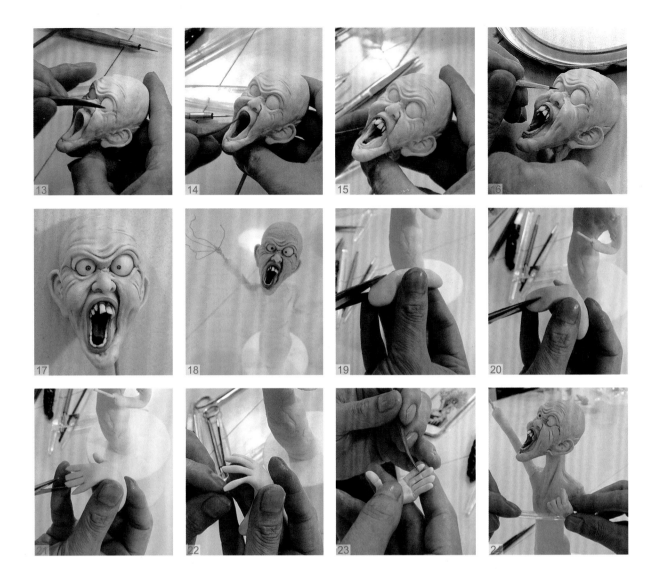

13 用调好的白色翻糖膏揉成小圆形，贴到眼睛里面作为眼白。

14 用调好的肉粉色翻糖膏揉成小长条并贴到嘴巴内部做出牙龈。

15 用调好的白色翻糖膏揉成小颗粒，贴到牙龈上面做出牙齿。

16 用毛笔蘸绿色色膏画出眼睛大小。

17 头部眼部成品。

18 把头部装到上身支架上面。

19 用调好的肉色翻糖膏揉成长条形，再用剪刀剪出手的大拇指。

20 用剪刀剪出手掌的中间部分，平分均匀。

21 再用剪刀剪出另外四个手指。

22 用手指捏出人偶手指的弧度。

23 用开眼刀压出手指的关节。

24 把做好的手掌组装到手臂上面。

25 上半身大致成品图。

26 用调好的黑色翻糖膏做出人物的眼镜。

27 用调好的白色翻糖膏做出左右两侧的鬓角。

28 用调好的绿色和白色翻糖膏做出人偶的毒气瓶。

29 把调好的白色翻糖膏擀薄，贴出人物的衣服，粘牢。

30 用调好的白色翻糖膏揉成小长条，压出头发的每个纹路，定成S型弧度。

31 做出人物肩膀上的小老鼠。

 易错点
1 不能正确把握捏塑手法，不能将其与作品的图形跟理论准确结合。
2 在捏作品时，作品有变形，不能及时修正过来。

动漫女神人物

特点：作品以白色、蓝色、紫色、肉色为主，造型优美，生动形象。

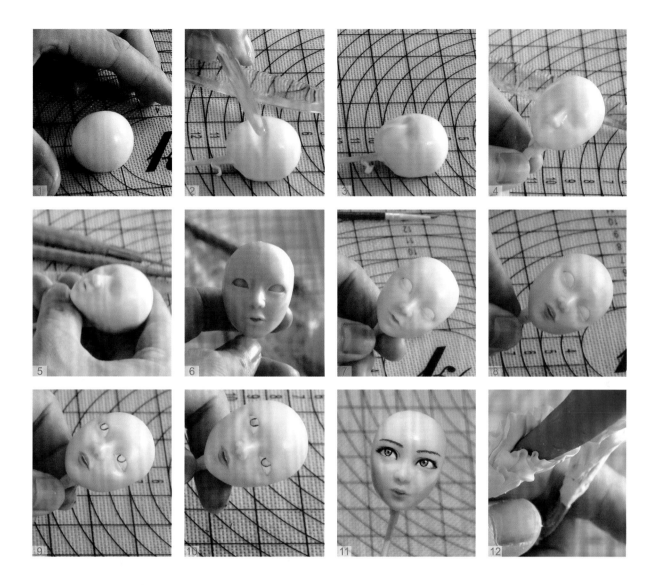

原料及工具

翻糖膏，泰勒粉（CMC），食用色素，色膏，毛笔，捏塑工具等。

制作步骤

1 用翻糖膏揉成鸡蛋形，要求表面无纹路。

2 把它穿到竹签上，用球刀在中间位置压下去。

3 用捏塑刀定出眼睛、鼻子的位置。

4 用捏塑刀压出鼻头。

5 用小球刀定出嘴巴的位置，用开眼刀开出嘴巴，用主刀向上推出嘴唇。

6 用小球刀定出眼睛的大小，用开眼刀开出眼睛，再用主刀压出眼袋。

7 在做好的眼睛上贴好白色的眼球。

8 把粉红色的翻糖膏揉成细条，贴在嘴唇上，晾干。

9 再用沾有蓝色色素的毛笔画出眼睛的大小。

10 沾点水微微晕染开来。

11 慢慢地加深眼眶，在画好的眼球上用白色点上高光。用沾有黑色色素的毛笔画出眼线、睫毛，用沾有紫色色膏的毛笔画出眉毛，向一个方向画。

12 用白色的翻糖膏擀出花边，贴在做好的腿上，斜着贴两层。

13 在做好的蓝色的裤子上，贴上擀薄的紫色翻糖膏。把白色的翻糖膏擀长，用牙签压出花纹，贴两层。再把白色翻糖膏擀薄，压出纹路，贴在大腿上。

14 用锡纸包出衣服的两条衣摆。

15 用蓝色翻糖膏包住锡纸，压出纹路，再将白色翻糖膏压出纹路，贴在蓝色的衣摆上面。

16 左边也是同样的操作步骤，要求对齐。

17 再用白色铁丝编出裙摆支架，把擀薄的紫色翻糖膏折出纹路，贴在人偶的腰上。

18 贴上另一半，再用蓝色翻糖膏做出马甲，用白色翻糖膏装点，晾干后将裙摆上的铁丝取掉，轻轻拿掉，不要碰到裙摆。

19 用紫色翻糖膏做出靴子，并将紫色翻糖揉成长条，做出鞋带。

20 用白色翻糖膏做出纽扣蕾丝线。

21 用蓝色翻糖膏揉成水滴形，用刀片压出纹路，贴在锁骨的位置做为装饰。

22 用紫色翻糖膏揉出长条形，做出衣服的装饰。

23 用肉色翻糖膏揉成长条，做出胳膊的骨节，再用白色翻糖膏做出手装到胳膊上，在胳膊上用白色翻糖膏与手粘接，使其有手套的感觉。

24 再用白色翻糖膏擀出薄片，压出纹路，贴在手臂上，使其有衣袖的飘逸感，用蓝色长方形翻糖膏进行点缀。

25 把晾干的胳膊装到身体上。

26 用紫色翻糖膏揉长条，做成S型，晾干后拼装到头上，做出头发。

27 选用你喜欢的插件进行装饰。

28 鞋子也是同样的操作。

 易错点
1 不能正确把握捏塑手法，不能将其与作品的图形跟理论准确结合。
2 在捏作品时，作品有变形，不能及时修正过来。

日本小姑娘

特点：作品以白色、粉色、肉色为主，造型优美，生动形象。

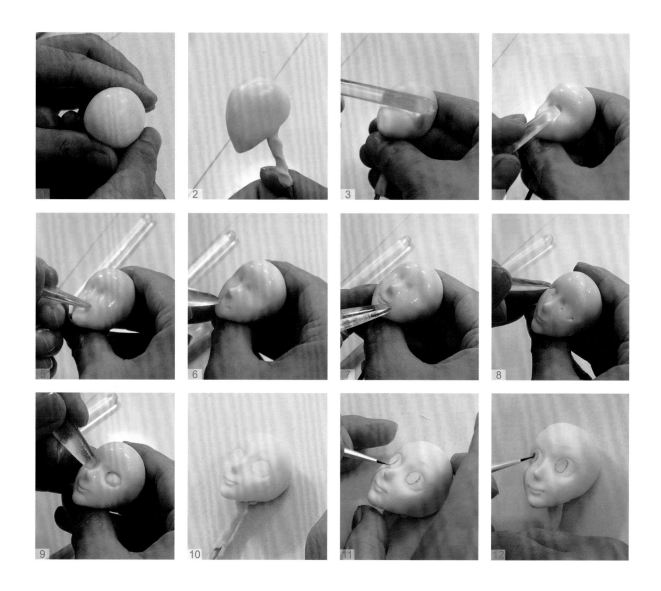

原料及工具

翻糖膏，泰勒粉（CMC），食用色素，色膏，球形棒，毛笔，捏塑工具等。

制作步骤

1　用调好的肉色翻糖膏揉出鸡蛋形。

2　塑出脸部侧面大型。

3　用球形棒压出整张脸的1/3处。

4　用球形棒点出眼睛的轮廓。

5　用主刀推出鼻子的轮廓。

6　用开眼刀开出嘴巴的弧度。

7　用主刀推出下嘴唇的弧度。

8　用开眼刀开出头部的眼睛。

9　再用开眼刀把眼睛内部的废料压平。

10　用调好的白色翻糖膏揉成小圆形，填到眼睛内部压平。

11　用毛笔蘸蓝色色膏，画出眼睛的轮廓。

12　用深蓝色色膏点出眼睛的深色。

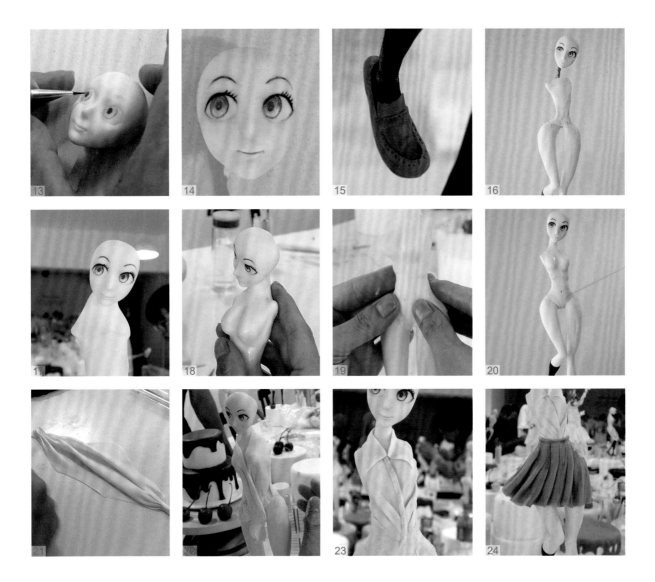

13 用毛笔调整两只眼睛的大小。

14 头部眼睛成品图。

15 用调好的咖啡色翻糖膏做出人物的鞋子。

16 把头部组装到身体上，调整出动态效果。

17 用调好的肉色翻糖膏揉成长条形并压扁，贴到
脖子上面，做出脖子弧度。

18 用球形棒塑出上身胸部的位置。

19 用双手塑出人物肚子的弧度。

20 人物半成品图。

21 把调好的粉色翻糖膏擀成薄片，折出纹路。

22 把之前擀好的翻糖膏贴到人偶的上半身，做出
衣服的弧度。

23 把调好的粉色翻糖膏擀成薄片，裁成衣领的弧
度，贴到脖子周围。

24 把调好的咖啡色翻糖膏擀成薄片，折出纹路，
贴到人物的下半身，做出裙子。

25 把调好的紫色翻糖膏擀成薄片，裁出长条形，折出蝴蝶结的形状，贴到衣领下方并压紧。

26 把调好的粉色薄片折出包包的弧度，粘到人物的腰部定型。

27 把调好的深粉色翻糖膏擀成薄片，用竹签擀成波浪形，组装到包包上面。

28 把调好的粉色翻糖膏揉成长条形，再用开眼刀划出头发的纹路，贴到头部后面。

29 把做好的发丝组装到头部左右两边，发丝顺着一个方向走。

30 把调好的粉色翻糖膏压扁，用开眼刀压出头发的纹路，贴到人物的额头上面，做出刘海。

 易错点　　1　不能正确把握捏塑手法，不能将其与作品的图形跟理论准确结合。
　　　　　　2　在捏作品时，作品有变形，不能及时修正过来。

少数民族姑娘

特点：作品以白色、咖啡色、肉色为主，造型优美，生动形象。

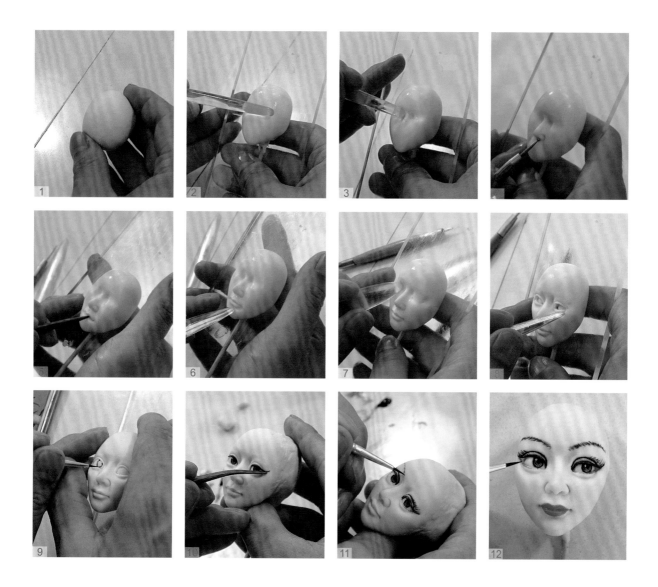

原料及工具

翻糖膏，泰勒粉（CMC），食用色素，色膏，球形棒，毛笔，剪刀，捏塑工具等。

制作步骤

1　把调好的肉色翻糖膏揉成鸡蛋形。

2　用球形棒压到整个头的1/3处。

3　再用球形棒点出眼睛的轮廓和鼻子的弧度。

4　用小球刀点出鼻孔。

5　用开眼刀开出嘴巴。

6　用主刀压出下嘴唇的弧度。

7　用开眼刀开出人物的眼睛。

8　用开眼刀开出人物的卧蚕。

9　用毛笔蘸咖啡色色膏，画出眼睛的底色。

10　用调好的黑色翻糖膏揉成小细长条，贴出人物的眼睫毛。

11　用咖啡色色膏画出眉毛。

12　用毛笔蘸淡粉色色膏，点出眼眶内的红色。

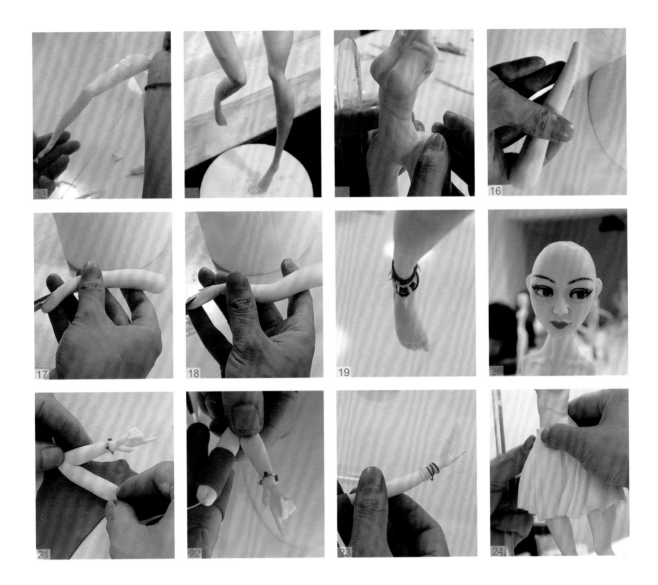

13 用调好的肉色翻糖膏揉成长条形，做出腿部的大型。

14 腿部特写。

15 用调好的肉色翻糖膏做出人物的上身。

16 用调好的肉色翻糖膏揉成长条形并压扁，捏出手掌的大型。

17 用剪刀剪出手掌的大拇指。

18 用剪刀剪出另外四个手指。

19 腿部细节特写。

20 把头部组装到上半身上面。

21 把调好的咖啡色翻糖膏擀成薄片。

22 再将咖啡色薄片贴到手臂上，做出手臂上的衣袖。

23 压出衣服上面的纹路。

24 用调好的白色翻糖膏擀成薄片，折出裙边的纹路，贴到下半身做出裙子。

25 用主刀压出裙子的纹路。

26 把手臂组装到身体上。

27 把调好的青绿色翻糖膏擀成薄片，折出纹路，做出衣服的飘带。

28 用调好的咖啡色翻糖膏揉出小长条，再用开眼刀压出头发的每个纹路，粘到人物的头部上

面，做出弧度，定型粘牢。

29 用同样的方法做出发丝。

30 头发细节图。

31 把做好的红色、黄色、蓝色饰件装到腰部。

32 草莓特写图。

 易错点　　1　不能正确把握捏塑手法，不能将其与作品的图形跟理论准确结合。
　　　　　　　　2　在捏作品时，作品有变形，不能及时修正过来。

老太太

特点：作品以紫色、蓝色、肉色为主，造型美观，动态十足。

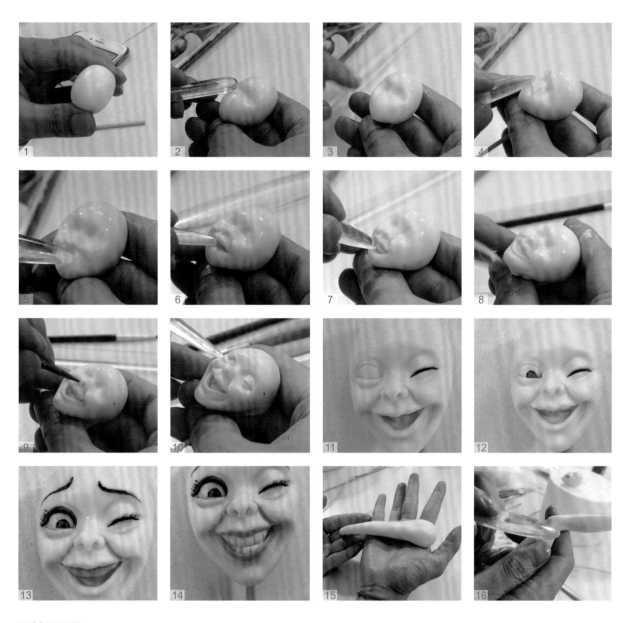

原料及工具

翻糖膏，泰勒粉（CMC），食用色素，色膏，球形棒，针形棒，毛笔，剪刀，捏塑工具等。

制作步骤

1　把调好的肉色翻糖膏揉成鸡蛋形。

2　用球形棒压整张脸的1/3处，开出眼睛的大型。

3　再用球形棒开出鼻子的大型。

4　用主刀压出鼻子，位于整张脸的2/3处。

5　用主刀开出嘴角的大型。

6　用开眼刀开出嘴巴的形状。

7　再用开眼刀挑空嘴巴内部的材料。

8　用主刀推出下嘴唇的弧度。

9　用针形棒挑出鼻孔。

10　用开眼刀开出眼睛的轮廓。

11　用黑色翻糖膏揉成小长条，贴出眼睫毛。

12　用毛笔画出眼睛的大小，用咖啡色色膏打底。

13　用咖啡色色膏画出眉毛，再把粉色翻糖膏揉成小长条，贴到嘴巴上。

14　再把白色翻糖膏贴到嘴巴内部，用开眼刀压出牙齿的形状。

15　把调好的肉色翻糖膏揉成长条，准备做人物的腿部。

16　用主刀压出腿部的膝盖。

17 腿部大型。

18 把调好的肉色翻糖膏揉成长条并压扁，准备做人物的脚掌。

19 用手捏出脚掌的大型。

20 用手捏出脚后跟的大型。

21 用球形棒压出脚掌的弧度。

22 脚掌大型图。

23 用雕刻刀切出大拇指与小拇指的缝隙。

24 用开眼刀压出大拇指和小拇指之间的弧度。

25 再用开眼刀压出脚趾的指甲盖。

26 调整大拇指与脚掌的弧度。

27 把做好的脚掌与腿部连接，穿上凉鞋。

28 双脚的脚部成品。

29 做出上半身和手臂，与腿部连接。

30 调整手臂与头部之间的距离。

31 把调好的蓝色翻糖膏擀成薄片，贴到身体上，压出衣服右边的褶皱。

32 同理，压出衣服左边的褶皱。

33 把调好的咖啡色翻糖膏揉成长条形，用开眼刀压出头发的纹路，卷出头发的形状并定型。

34 把做好的头发贴到人偶头部，定型。

35 做一顶蓝色帽子，粘到头发上，调整好帽子与身体之间的美感。

36 把调好的蓝色、绿色、黄色、红色翻糖膏揉成长条，粘到一起。

37 把模具放到底部，放上翻糖皮，再用擀面杖擀薄，压出纹路。

38 把压好的翻糖皮做成包包的形状。

39 把红色翻糖膏揉成小长条，粘到包包上面做出细节。

40 调整包包的整体弧度。

41 把包包固定到手臂下面。

42 用橙色色膏画出衣服的纹路。

43 再用黄色色膏画出衣服的纹路。

44 把做好的小配件放到包包上，粘牢。

 易错点　　1　不能正确把握捏塑手法，不能将其与作品的图形跟理论准确结合。
　　　　　　2　在捏作品时，作品有变形，不能及时修正过来。

天使

特点：作品以白色、紫色、肉色为主，造型优美，生动形象。

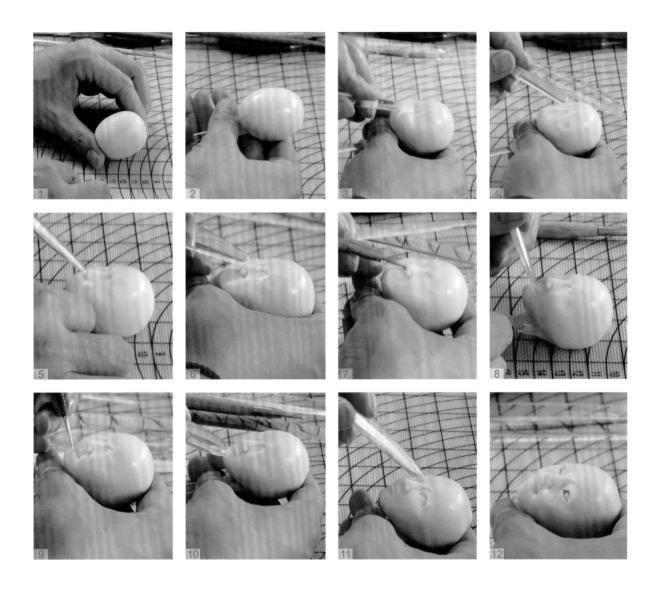

原料及工具

翻糖膏，泰勒粉（CMC），食用色素，色膏，球形棒，针形棒，毛笔，剪刀，捏塑工具等。

制作步骤

1　先揉出一个表面光滑的鸡蛋形翻糖球。

2　在鸡蛋形球上抹上白油，把竹签插在下巴上，调整脸型至有V字型下巴。

3　用捏塑刀压出眼睛的大体位置（大约在头部的1/3处），再用捏塑刀竖着压出鼻子的位置。

4　用球形棒定出眼角的位置。

5　用主刀顶出鼻子，下刀需轻，太重容易有皱纹。

6　用捏塑刀压出鼻子的鼻翼，线条要光滑流畅。

7　把小球刀向左右平移，做出鼻孔。

8　用主刀压出人中的位置，用球刀定出嘴巴的大小，用开眼刀压出嘴巴，然后向上提。

9　用小球刀做出唇珠，调整嘴巴的形态。

10　把主刀向上推，做出下嘴唇。

11　用开眼刀压出眼睛的位置。

12　用开眼刀在同样的地方压下，向上抬高，做出双眼皮。再用主刀压出眼袋的位置。

13 等人偶的脸晾干后，取一小块白色的翻糖膏做眼白。

14 眼白贴入眼眶后压平整，晾干后用毛笔蘸少许色膏，画出卡通人的眼睛。

15 画眼睛的时候先定出眼球大小，再画出细节。

16 画好眼睛后，再用毛笔画出眉毛等部位。

17 把做好的翅膀和人偶头部组装到身体上。

18 把右手臂跟手指头制作出来，晾干。

19 把左手臂跟手指头制作出来，调整手指头的动态。

20 把制作好的底座跟人物身体组装到一起。

21 调整脚部跟底座的动态。

22 组装好的上身成品图。

23 把调好的咖啡色翻糖膏揉成长条形，弯出S形造型，晾干后组装到底座上面。

24 把调好的紫色翻糖膏擀成片，用主刀压出纹路，粘到人偶腿部，做出裙边。

25 把调好的紫色翻糖膏擀成片，用雕刻刀刻出衣服大型，粘到人偶上身。

26 把调好的咖啡色翻糖膏擀成片，用雕刻刀刻出衣服上的花纹，粘到衣服上。

27 把制作好的小翅膀粘到衣服上。

28 把之前做好的手臂组装到人物的身体上。

29 用咖啡色翻糖膏制作出人物后面的细节。

30 把做好的翅膀组装到右下方腿部上。

31 做出人物的耳朵并粘好。

32 用调好的咖啡色翻糖膏做出羽毛，粘到人物腿上。

33 把调好的紫色翻糖膏揉成长条形，用开眼刀压出纹路，粘到头部，做出头发和羽毛。

34 把制作好的银色蕾丝膏粘到头发上面。

 1 不能正确把握捏塑手法，不能将其与作品的图形跟理论准确结合。
2 在捏作品时，作品有变形，不能及时修正过来。

王昭君

特点：作品以白色、蓝色、肉色为主，造型优美，生动形象。

原料及工具

翻糖膏，泰勒粉（CMC），食用色素，色膏，球形棒，针形棒，毛笔，剪刀，捏塑工具等。

制作步骤

1 在制作好的头部画上眼睛、眉毛。

2 取调好的肉色翻糖膏揉成长条形，做出人偶的腿部。

3 取调好的白色翻糖膏擀成片状，包到人偶腿部，用捏塑刀压紧。

4 用调好的蓝色翻糖膏揉成小长条，粘到腿部上面，用捏塑刀压出纹路。

5 把双腿的纹路一起压出，做出人偶的鞋。

6 把做好的双腿组装在一起，再把人偶上半身制作出来晾干。

7 取调好的蓝色翻糖膏擀成片状，粘到人偶腰的位置，再用捏塑刀压紧。

8 取调好的蓝色翻糖膏擀成片状，裁成三角形，用捏塑刻出衣服上的纹路。

9 把做好的羽毛从下往上组装到一起。

10 把做好的裙子上的装饰组装到一起。

11 在装饰物的中心点画上四个不同颜色的三角形。

12 取调好的蓝色翻糖膏揉成片状，穿到人偶上身，做出衣服上的纹路。

13 把做好的手组装到手臂上。

14 把调好的蓝色翻糖膏揉成长条，用雕刻刀压出发丝的纹路。

15 用同样的方法做出发丝纹路，粘出头部左右两旁的短头发。

16 再取蓝色翻糖膏揉成小水滴形，用捏塑刀压出

头发纹路，粘好。

17 用白色翻糖膏揉成长条形，做出人偶的帽子，压出帽子的纹理。

18 把做好的水晶粘到手上。

19 把做好的皇冠粘到头上。

20 用糖把水晶做出来。

 易错点
1 不能正确把握捏塑手法，不能将其与作品的图形跟理论准确结合。
2 在捏作品时，作品有变形，不能及时修正过来。

阴阳师

特点：作品以紫色、红色、肉色为主，造型优美，生动形象。

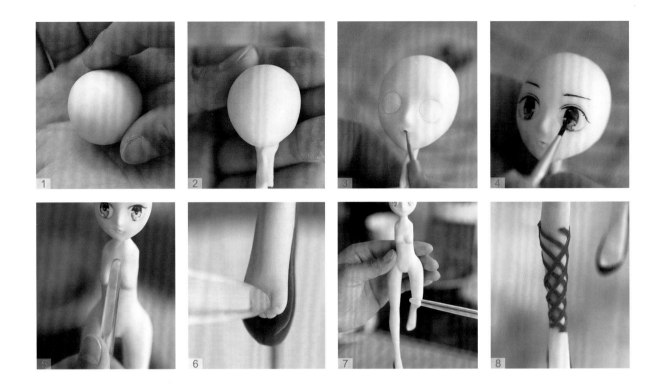

原料及工具

翻糖膏，泰勒粉（CMC），食用色素，色膏，球形棒，针形棒，毛笔，剪刀，捏塑工具等。

制作步骤

1 先将肉色翻糖膏揉成一个表面光滑无裂纹的圆形。

2 在做好的圆球底部插上竹签，固定住，同时做出下巴。

3 用捏塑刀做出脸部轮廓，再用白色翻糖膏贴出眼白，用捏塑棒挤出鼻子，同时定出人偶的嘴巴，用捏塑刀压出嘴型。

4 用毛笔蘸取适量色素，在晾干的人偶面部画出眉毛、眼睛、嘴唇。

5 脸部做好后，取一大块肉色翻糖膏做成宽长条状，与头部连接，要求没有接缝口。将胸部用捏塑棒擀压出来，再用剪刀剪出两个长条作为腿。

6 做出腿的关节，再取一块咖啡色翻糖膏揉成椭圆形并压扁，贴在做好的脚下，再用捏塑刀压出脚趾。

7 做完后在需要调整的地方做细节上的微调。

8 把一块紫色翻糖膏擀成薄片，用刀片切成条，斜着贴在人偶小腿部。

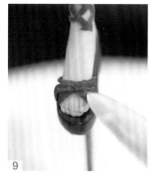   

9 把一小块红色翻糖膏擀薄，做出鞋子的蝴蝶结。

10 再把红色的翻糖皮擀薄，做出鞋带。

11 取两个大块蓝色翻糖膏贴在人偶的大腿两侧，用捏塑刀压出裤子的褶皱。

12 给娃娃上身依次穿上白红紫这些颜色的衣服，使衣服有层次感。再用红黄两色做出衣领，再用黄白两色做出人偶的腰带，用白色压出人偶

的腰部小花。

13 用两块肉色翻糖膏做出人偶的两个手臂，晾干。取一块紫色翻糖膏擀成薄片，做出人偶的衣袖，再用红色翻糖皮贴一层，使其有层次感。

14 整理衣袖的整体形态与走向。

15 用咖啡色翻糖膏做出人偶的头发，用捏塑刀压头发的纹路。

 易错点　1　不能正确把握捏塑手法，不能将其与作品的图形跟理论准确结合。
　　　　　　2　在捏作品时，作品有变形，不能及时修正过来。

英式糖霜吊线蛋糕

特点：作品以白色、蓝色为主，造型豪华精美，观赏性强，食用性大。

原料及工具

糖霜，裱花袋，裱花嘴，吊线，泰勒粉（CMC），食用色素，色膏，捏塑工具等。

制作步骤

1　用调好的糖霜由浅至深调出三种蓝色，用小裱花袋装好，取深蓝色糖霜做出刺绣花的外围。

2　把做好的糖霜刺绣花晾干备用。

3　把之前做好的糖霜图案装到蛋糕上，粘好。

4　用白色糖霜在蛋糕上点出小梅花形的图案。

5　用小号裱花嘴裱出波浪形的蛋糕花纹。

6　用白色糖霜从上往下吊出小长条，线条要顺畅。

7 用白色糖霜裱出小豆豆边。

8 把之前做好的小玫瑰花装到吊线上。

9 细修蛋糕的花边。

10 糖霜蛋糕成品。

 易错点　1 不能正确把握吊线手法，不能将其与作品的图形跟理论准确结合。

　　　　　2 在捏作品时，作品有变形，不能及时修正过来。

翻糖蛋糕
作品欣赏

（一）翻糖作品——多肉的世界

生机

宝石花

霜之朝

（二）翻糖作品——英式糖花

创意花

风信子

蝴蝶兰

卡特兰

拖鞋兰

栀子花

小野菊

山茶花束

花开时分

毛茛花束

生机盎然

生命之花

绽放

巧克力糖花

（三）翻糖作品——英式三层花卉婚礼蛋糕

满满都是爱

爱情之花

爱的见证

（四）翻糖作品——韩式裱花

韩式裱花大图

花篮

花艺

紫红色的记忆

美景

手捧花

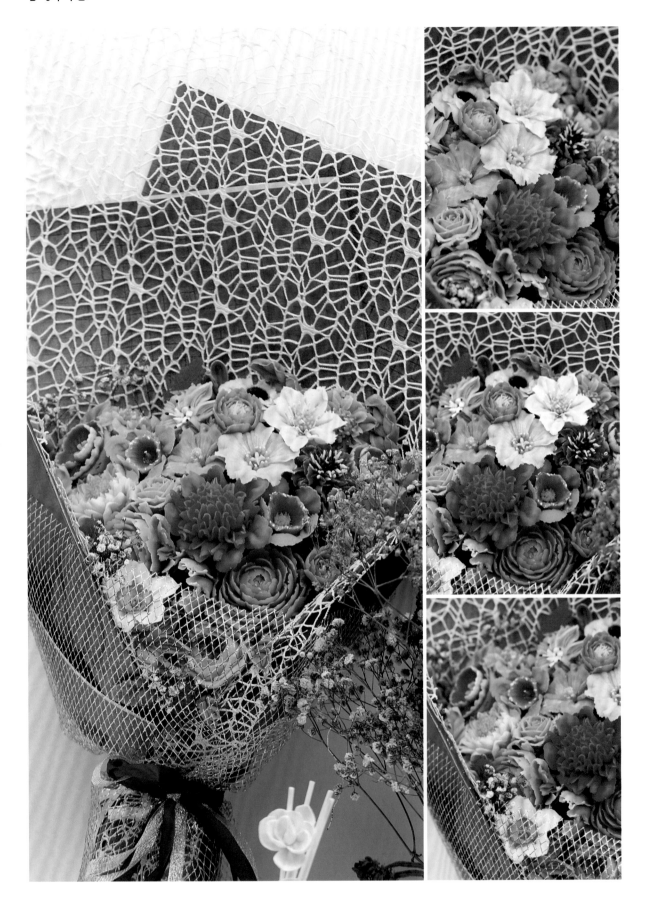

（五）翻糖作品——卡通蛋糕

音乐之声

（六）翻糖作品——3D巧克力饼干

马达加斯加

美人鱼

小天使

（七）翻糖作品——翻糖人偶蛋糕

新娘

多肉精灵

老外头部

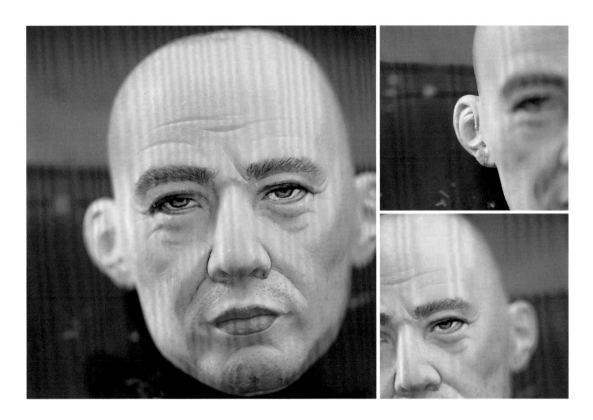

薯王

万圣节

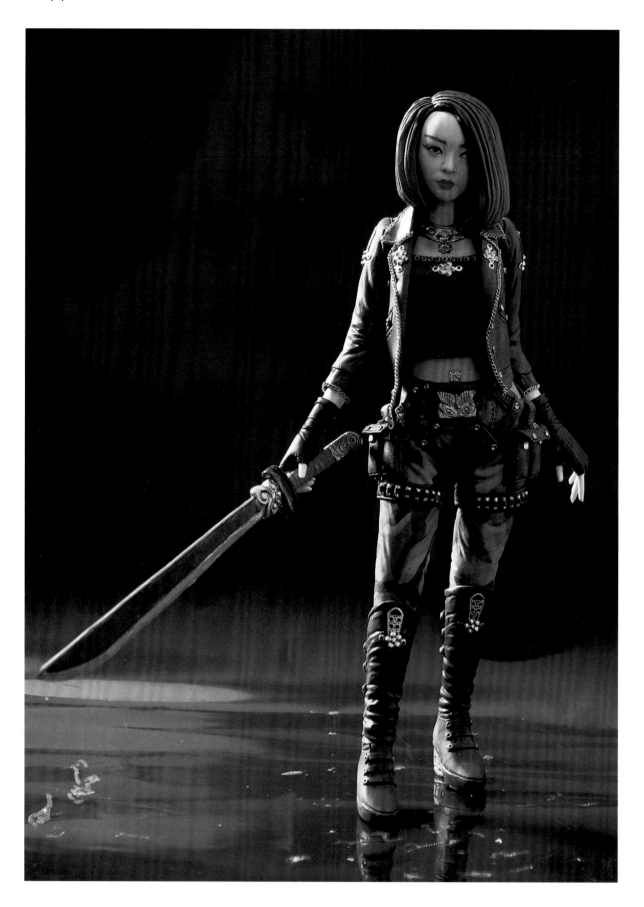

王者2

信鸽稀爱

神龙大侠

上海WANGBO
翻糖西点教室

课程介绍

法式面包大师班	翻糖英式糖花大师班	翻糖人偶大师班	翻糖综合创业班	法式甜品班	甜品台创业班

▌联系方式

王老师：15050126606
诸老师：13962517839

微信二维码　　　　微博二维码